平面设计与制作项目实战

（Photoshop+Illustrator）

高亚娜　王薇薇　主　编
韩　瑜　肖　磊　副主编

清华大学出版社
北　京

内 容 简 介

本书从平面广告设计师实际工作的角度出发，以通俗易懂的语言、精彩适宜的图片、丰富多彩的实训，详细讲解了各种平面设计项目的要点和原则，同时结合 Photoshop+Illustrator 软件的实际操作，全方位展示平面广告设计师的创作思路、设计流程以及操作过程。全书共分为 10 个项目。内容涵盖：标志设计、插画设计、文字特效、图形创意设计、会员卡设计、海报设计、艺术形象设计、POP 海报设计、包装设计、打印与输出。

本书可作为大中专院校平面设计及相关专业的教材，也可供广大平面设计爱好者自学使用。

本书封面贴有清华大学出版社防伪标签，无标签者不得销售。

版权所有，侵权必究。举报：010-62782989，beiqinquan@tup.tsinghua.edu.cn。

图书在版编目(CIP)数据

平面设计与制作项目实战：Photoshop+Illustrator / 高亚娜，王薇薇主编. —北京：清华大学出版社，2022.12

ISBN 978-7-302-62216-1

Ⅰ.①平… Ⅱ.①高… ②王… Ⅲ.①平面设计—图形软件 Ⅳ.①TP391.412

中国版本图书馆CIP数据核字（2022）第221050号

责任编辑：李玉茹
封面设计：李 坤
责任校对：翟维维
责任印制：刘海龙
出版发行：清华大学出版社

    网　　　址：http://www.tup.com.cn，http://www.wqbook.com
    地　　　址：北京清华大学学研大厦A座 邮　　编：100084
    社 总 机：010-83470000 邮　　购：010-62786544
    投稿与读者服务：010-62776969，c-service@tup.tsinghua.edu.cn
    质量反馈：010-62772015，zhiliang@tup.tsinghua.edu.cn
印 装 者：三河市铭诚印务有限公司
经　　销：全国新华书店
开　　本：185mm×260mm 印　张：15 字　数：365千字
版　　次：2022年12月第1版 印　次：2022年12月第1次印刷
定　　价：79.00元

产品编号：095853-01

前言

　　本书为一本综合讲授平面设计与制作的教材，在教材中详细阐述了Illustrator软件、Photoshop软件的基本功能和使用技巧。本教材编者均为在教学一线的教师，熟悉软件的操作方法，了解学生的心理特点，融入了自己多年在教学一线的工作经验，由浅入深地讲解了图像处理的方法和技巧。

　　全书共分为10个项目。项目一主要讲解了Illustrator软件的基础知识，通过实训项目标志设计，进一步掌握和理解软件的基本操作；项目二到项目十分别学习了插画设计、文字特效、图形创意设计、会员卡设计、海报设计、艺术形象设计、POP海报设计、包装设计以及文件的打印与输出，通过不同项目的讲解、实操，达到学习知识、掌握技能的目的，能够快速实现举一反三的效果。其中项目七为艺术形象设计，主要用到的软件为Photoshop，通过项目学习，可以掌握一定的Photoshop绘图技能。同时在各项目最后都以项目任务单的形式带领同学们梳理本项目知识点，并以单项选择题形式考察同学们对知识点的掌握程度。

　　本书可作为大中专院校平面设计及相关专业的教材，也适合平面设计爱好者作为参考用书。

　　本书由天津市经济贸易学校高亚娜、王薇薇担任主编，韩瑜、肖磊担任副主编，肖倩、韩瑜、史辰霄参与编写教材，其中项目一、项目四、项目五、项目六由高亚娜编写，项目二由刘晟编写，项目三由肖倩

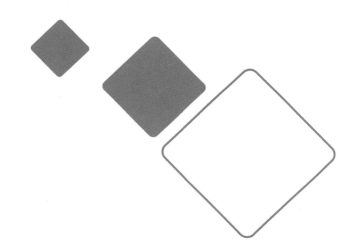

编写，项目七由肖磊编写，项目八由史辰霄编写，项目九和项目十由韩瑜编写。

　　本书是新形态教材，配备了图文声像等多种媒体进行应用，开发了微课资源，学生可以使用微课资源对书中涉及的重难点进行解读，相关的素材可以扫以下二维码自行下载。

扫码获取配套资源

　　由于作者水平有限，书中难免有疏漏之处，敬请广大读者朋友批评指正，并提出宝贵意见。

编　者

目录

项目十　打印与输出　　217

参考文献　　231

项目一 🎞 标志设计——Illustrator基础知识

项目导读:

　　Illustrator 是 Adobe 公司开发的一款基于绘制矢量图形的软件,在矢量绘图软件中占有重要的地位。Illustrator 包含多种绘图工具,使用该软件可以绘制出多种多样的平面作品,例如标志、插画、海报、名片及图表等。本章主要通过对公司标志的设计来学习 Illustrator 的一些基础知识。

1.1 文件的基本操作

　　启动 Illustrator 软件后,首先需要新建文档才能进行后续的设计工作。

　　(1)新建文档。

　　启动 Illustrator 软件,执行【文件】-【新建】命令,弹出【新建文档】对话框,可以输入文档名称、设置画板大小、选择文档的颜色模式,单击【确定】按钮,进入 Illustrator 的工作界面,这时就能开始设计工作了,如图 1-1 所示。

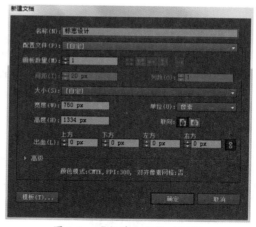

图 1-1　【新建文档】对话框

　　(2)保存文档。

　　执行【文件】-【存储】命令,可将文件保存在相应的文件夹中,也可按 Ctrl+S 快捷键,如图 1-2 所示。

文件(F)	编辑(E)	对象(O)	文字(T)	选择(S)	效果(C)	视图(
新建(N)...						Ctrl+N
从模板新建(T)...						Shift+Ctrl+N
打开(O)...						Ctrl+O
最近打开的文件(F)						▶
在 Bridge 中浏览...						Alt+Ctrl+O
关闭(C)						Ctrl+W
存储(S)						Ctrl+S

图 1-2　选择保存文档命令

知识链接：工作区域

默认情况下，Illustrator 工作区域包含以下几部分。

绘图区：可以在此窗口中绘制和设计作品。

工具箱：包含用于绘制和编辑图稿的工具。

面板：可帮助监控和修改图稿。

菜单：包含用于执行任务的命令。

【新建文档】对话框中各选项的含义如下。

配置文件：在该下拉列表框中提供了打印、Web(网页)和基本 RGB 选项。直接选择相应的选项，文档的参数将自动进行调整。如果这些选项的功能不能满足设计需求，设计师可以选择【浏览】选项，在弹出的对话框中选择所需的选项即可。

画板数量：指定文档的画板数，以及它们在屏幕上的排列顺序。单击【按行设置网格】按钮，可以在指定数目的行中排列多个画板。

间距：指定画板之间的默认间距。该设置同时应用于水平间距和垂直间距。

列数：在文本框中输入相应的数值，可以定义排列画板的列数。

大小：在该下拉列表框中选择不同的选项，可以定义一个画板的尺寸。

取向：单击不同的按钮，可以定义画板不同的方向，此时画板高度和宽度的数值将进行交换。

出血：图稿落在印刷边框打印定界框外或位于裁切标记和裁切标记外的部分。指定画板每一侧的出血位置，要对不同的侧面使用不同的值。单击【锁定】按钮，将使出血四个方向上的尺寸相同。

可以通过以下操作对工作区域重新进行排列：移动、隐藏和显示面板，放大或缩小图稿，滚动到绘图区的不同区域，以及创建多个窗口和视图，从而适合用户的需求。用户还可以用工具箱底部的【模式】按钮来更改绘图区和菜单栏的可视性，如图 1-3 所示。

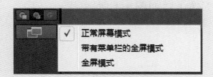

图 1-3　工作区域模式切换

正常屏幕模式：在标准窗口中显示图稿，菜单栏位于窗口顶部，滚动条位于窗口右侧和下侧。

带有菜单栏的全屏模式：在全屏窗口中显示图稿，有菜单栏但是没有标题栏和滚动条。

全屏模式：在全屏窗口中显示图稿，不带标题栏、菜单栏和滚动条。

保存文件

执行【文件】-【存储】命令，可以将文件保存。执行【文件】-【存储为】命令，可以重新对保存的位置、文件的名称、保存的类型等进行设置。在首次对文件进行存储以及使用【存储为】命令时，将会弹出【存储为】对话框。在该对话框中，可对【文件名】选项进行设置，在【保存类型】下拉列表框中选择文件类型，设置合适的路径、文件名称，单击【保存】按钮。此时会弹出【Illustrator选项】对话框，在该对话框中可以对文件保存的版本、选项、透明度等参数进行设置。设置完毕后单击【确定】按钮，即可完成文件的保存操作。

文件格式

文件格式是指使用或创作的图形、图像的格式，不同的文件格式拥有不同的使用范围。下面对Illustrator软件中常用的文件格式进行介绍。

AI(*. AI)格式：AI格式是Illustrator软件创建的矢量图格式，AI格式的文件可以直接在Photoshop软件中打开，打开后的文件将转换为位图格式。

EPS(*. EPS)格式：该格式可以说是一种通用的行业标准格式。除了多通道模式的图像之外，其他模式都可存储为EPS格式，但是它不支持Alpha通道。EPS格式支持剪贴路径，可以产生镂空或蒙版效果。

TIFF(*. TIFF)格式：TIFF格式是印刷行业标准的图像格式，通用性很强，几乎对所有的图像处理软件和排版软件都提供了很好的支持，广泛用于程序之间和计算机平台之间进行图像数据的交换。TIFF格式支持RGB、CMYK、Lab、索引颜色、位图和灰度颜色模式，并且在RGB、CMYK和灰度3种颜色模式中还支持使用通道、图层和路径。

PSD(*. PSD)格式：PSD格式是Adobe Photoshop软件专用的格式，也是Photoshop新建和保存图像文件默认的格式。PSD格式是唯一可支持所有图像模式的格式，并且可以存储在Photoshop中建立的所有图层、通道、参考线、注释和颜色模式等信息，这样下次继续进行编辑时非常方便。因此，对于没有编辑完成、下次需要继续编辑的文件，最好保存为PSD格式。

GIF(*. GIF)格式：GIF格式也是一种通用的图像格式，由于最多只能保存256种颜色，并且使用LZW压缩方式压缩文件，因此GIF格式保存的文件非常小，不会占用太多的磁盘空间，非常适合Internet上的图片传输。

在保存图像为GIF格式之前，需要将图像转换为位图、灰度或索引颜色等颜色模式。GIF采用两种保存格式，一种为"正常"格式，可以支持透明背景和动画格式；另一种为"交错"格式，可以让图像在网络上由模糊逐渐转为清晰的方式显示。

JPEG(*. JPEG)格式：JPEG是一种高压缩比的、有损压缩真彩色图像文件格式，其最大的特点是文件比较小，可以进行高倍率的压缩，因而在注重文件大小的领域应用广泛，比如网络上的绝大部分要求高颜色深度的图像都使用JPEG格式。JPEG格式是压缩率最高的图像格式之一。这是由于JPEG格式在压缩保存的过程中会以失真最小的方式丢掉一些肉眼不易察觉的数据，因此保存后的图像与原图像会有所差别，没有原图像的质量好，一般在印刷、出版等高要求的场合不宜使用。

PDF(*. PDF) 格式：PDF 是 Adobe 公司开发的一种跨平台的通用文件格式，能够保存任何源文档的字体、格式、颜色和图形，而不管创建该文档所使用的应用程序和平台。PDF 文件为压缩文件，任何人都可以通过免费的 Acrobat Reader 程序进行共享、查看、导航和打印。

BMP(*. BMP) 格式：BMP 是 Windows 平台标准的位图格式，使用非常广泛，一般的软件都提供了非常好的支持。BMP 格式支持 RGB、索引颜色、灰度和位图颜色模式，但不支持 Alpha 通道。保存位图图像时，可选择文件的格式（Windows 操作系统或苹果操作系统）和颜色深度（1～32 位），对于 4～8 位颜色深度的图像，可选择 RLE 压缩方案，这种压缩方式不会损失数据，是一种非常稳定的格式。BMP 格式不支持 CMYK 颜色模式的图像。

PNG(*. PNG) 格式：PNG 格式是 Netscape 公司专为互联网开发的网络图像格式。不同于 GIF 格式图像的是，它可以保存 24 位的真彩色图像，并且具有支持透明背景和消除锯齿边缘的功能，可以在不失真的情况下压缩保存图像。但由于并不是所有的浏览器都支持 PNG 格式，所以该格式的使用范围没有 GIF 和 JPEG 广泛。

PNG 格式在 RGB 和灰度颜色模式下支持 Alpha 通道，但在索引颜色和位图模式下不支持 Alpha 通道。

1.2　认识图形图像

（1）新建文档。

执行【文件】-【新建】命令或按 Ctrl+N 组合键，打开【新建文档】对话框，在【名称】文本框中输入"标志设计"，设置画板【宽度】为 500px，【高度】为 500px，其他默认，单击【确定】按钮，如图 1-4 所示。

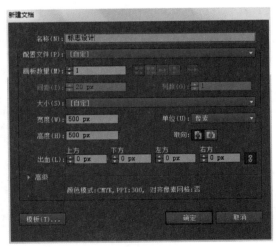

图 1-4　新建文档

（2）绘制图形。

绘制螺丝刀。选择工具箱中的【多边形工具】，单击文档空白处，弹出【多边形】对话框，设置相应的参数，如图1-5和图1-6所示。

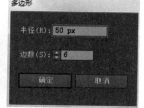

图1-5 多边形工具 图1-6 【多边形】对话框

（3）调整六边形方向。

选中六边形，单击鼠标右键，在弹出的快捷菜单中选择【变换】-【旋转】命令，弹出【旋转】对话框，设置旋转角度为90°，如图1-7和图1-8所示。

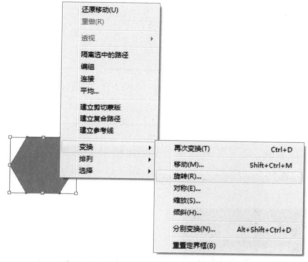

图1-7 选择【变换】-【旋转】命令

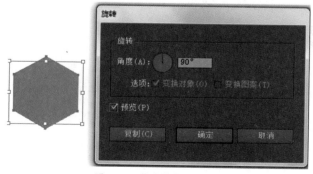

图1-8 【旋转】对话框

提示：【旋转】对话框中有一个【预览】复选框，调整旋转角度时，可选中该复选框，方便查看旋转后的效果。

（4）选择工具箱中的【直接选择工具】或按快捷键 A，选中六边形左侧的两个控制点，如图 1-9 所示。

（5）向左平行拖动控制点，使其形状发生变化，造型更接近于螺丝刀刀头，如图 1-10 所示。

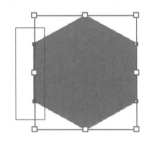

图 1-9　选中左侧两个控制点

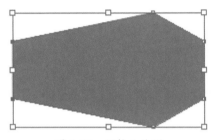

图 1-10　调整六边形

> 提示：在选取控制点时，按住 Ctrl 键，可以进行跳选；按住 Shift 键，可进行连续选取。

（6）绘制螺丝刀手柄。选择工具箱中的【圆角矩形工具】，单击文档空白处，弹出【圆角矩形】对话框，设置相应的参数，如图 1-11 所示。绘制的效果如图 1-12 所示。

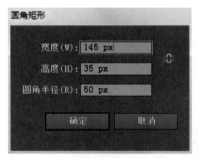

图 1-11　设置圆角矩形参数

图 1-12　绘制的螺丝刀手柄

（7）选择工具箱中的【矩形工具】，绘制螺丝刀连接部分，如图 1-13 所示。

图 1-13　绘制螺丝刀连接部分

（8）选择工具箱中的【选择工具】或按快捷键 V，调整螺丝刀各个部分的大小及位置关系，调整好后按 Ctrl+G 组合键，对这三个图形进行组合，如图 1-14 所示。

图 1-14　螺丝刀效果图

知识链接：图像基本概念

矢量图形和位图图像

在使用计算机绘图时，经常会用到矢量图形和位图图像这两种不同表现形式的图像。用 Illustrator CS6 软件不但可以制作出各式各样的矢量图形，还可以处理导入的位图图像。

矢量图形又称为向量图形，内容以线条和颜色块为主。由于其线条的形状、位置、曲率和粗细都是通过数学公式进行描述和记录的，因而矢量图形与分辨率无关，能以任意大小输出，不会遗漏细节或降低清晰度，更不会出现锯齿状边缘的现象，而且图像文件所占的磁盘空间也很小，非常适合网络传输。网络上流行的 Flash 动画采用的就是矢量图形格式。矢量图形在标志设计、插图设计及工程绘图上占有很大的优势。制作和处理矢量图形的软件有 Illustrator、CorelDRAW 等。

位图图像又称为点阵图像，是由许许多多的点组成的，这些点被称为像素。这些不同颜色的点按照一定的次序排列，就组成了色彩斑斓的图像。当把位图图像放大到一定程度显示时，在计算机屏幕上就可以看到许多小色块，这就是组成图像的像素。位图图像通过记录每个点（像素）的位置和颜色信息来保存图像。因此图像的像素越多，每个像素的颜色信息就越多，图像文件也就越大。

需要注意的是，位图图像与分辨率有关。当位图图像在屏幕上以较大的倍数显示或以较低的分辨率打印时，就会显示锯齿状的图像边缘。因此在制作和处理位图图像之前，应根据输出的要求调整好图像的分辨率。制作和处理位图图像的软件有 Photoshop、Painter 等。

分辨率

分辨率对于数字图像非常重要，其中涉及图像分辨率、屏幕分辨率和打印分辨率三种概念，下面分别进行介绍。

图像分辨率即图像中每单位长度含有的像素数目，通常用像素 / 英寸表示。如分辨率为 72 像素 / 英寸的图像，表示 1 英寸 ×1 英寸的图像范围内总共包含了 5184 个像素点（72 像素宽 ×72 像素高 =5184）。同样是 1 英寸 ×1 英寸，分辨率为 300 像素 / 英寸的图像，却总共包含了 90000 个像素。因此，分辨率高的图像比相同尺寸的低分辨率的图像包含更多的像素，因而图像更清晰、更细腻。

屏幕分辨率即显示器上每单位长度显示的像素或点的数量，通常以点 / 英寸（dpi）表示。屏幕分辨率取决于显示器的大小及其像素设置。了解显示器分辨率，有助于解释图像在屏幕上的显示尺寸不同于其打印尺寸的原因。显示时，由于图像像素直接转换为显示器像素，当图像分辨率比屏幕分辨率高时，在屏幕上显示的图像就会比其指定的打印尺寸要大。

打印分辨率即激光打印机（包括照排机）等输出设备产生的每英寸的油墨点数（dpi）。大多数桌面激光打印机的分辨率为 300 ～ 600dpi，而高档照排机能够以 1200dpi 或更高的分辨率进行打印。

1.3 图形的显示

（1）选择工具箱中的【椭圆工具】，单击工具箱中的【填色】按钮，进行颜色设置，然后按住 Shift 键单击鼠标左键进行拖动，绘制正圆形并填充颜色，如图 1-15 和图 1-16 所示。

图 1-15　颜色设置

图 1-16　绘制正圆形

（2）选择工具箱中的【圆角矩形工具】，单击工具箱中的【填色】按钮，进行颜色设置，然后按住鼠标左键进行拖动，绘制扳手手柄，如图 1-17 和图 1-18 所示。

图 1-17　颜色设置

图 1-18　绘制扳手手柄

（3）选择工具箱中的【选择工具】，同时选中正圆形和圆角矩形，然后执行【窗口】-【对齐】命令或者按 Shift+F7 组合键，打开【对齐】面板，执行垂直居中命令，如图 1-19 和图 1-20 所示。

图 1-19　【对齐】面板

图 1-20　执行垂直居中命令

（4）选择工具箱中的【多边形工具】，在空白区域内单击，弹出【多边形】对话框，设置【边数】为 8，单击【确定】按钮，如图 1-21 所示，效果如图 1-22 所示。

图 1-21　【多边形】对话框

图 1-22　绘制的正八边形

（5）为了区分多边形与绘制好的正圆形，可根据个人喜好更改多边形的颜色，并将多边形放置在正圆形的右侧，同时执行【窗口】-【对齐】命令，打开【对齐】面板，执行垂直居中命令，如图 1-23 所示。

图 1-23　执行垂直居中命令

（6）按住 Shift 键，同时选择【直接选择工具】，选中多边形右侧的 4 个锚点，进行平行拖动，使多边形呈现拉伸效果，如图 1-24 所示。

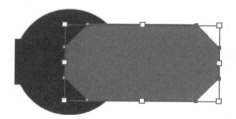

图 1-24　拉伸效果

（7）选择工具箱中的【选择工具】，框选正圆形和多边形，执行【窗口】-【路径查找器】命令或者按 Shift+Ctrl+F9 组合键，打开【路径查找器】面板，如图 1-25 所示。

图 1-25　【路径查找器】面板

（8）单击【减去顶层】按钮，得到新图形，如图 1-26 和图 1-27 所示。

图 1-26　减去顶层

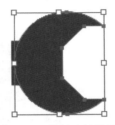

图 1-27　得到的新图形

（9）选择工具箱中的【选择工具】，框选绘制扳手的所有图形，执行垂直居中对齐命令，调整好后按 Ctrl+G 组合键，对这三个图形进行组合，如图 1-28 所示。

图 1-28　扳手效果图

知识链接：视图菜单

视图模式

在 Illustrator 软件中，绘制图形时常见的模式有轮廓模式、叠印预览模式和像素预览模式。

- 轮廓模式。执行【视图】-【轮廓】命令，或按 Ctrl+Y 组合键，将切换到【轮廓】模式。在【轮廓】模式下，视图将显示为简单的线条状态，隐藏图像的颜色信息，显示和刷新的速度比较快。可以根据需要单独查看轮廓线，加快运算速度，提高工作效率。
- 叠印预览模式。执行【视图】-【叠印预览】命令，将切换到【叠印预览】

模式。【叠印预览】模式可以显示出四色套印的效果，接近油墨混合的效果，颜色比正常模式下要暗一些。

● 像素预览模式。执行【视图】-【像素预览】命令，将切换到【像素预览】模式。【像素预览】模式可以将绘制的矢量图形转换为位图图像显示，这样可以有效地控制图像的精确度和尺寸等。转换后的图像在放大时会看见排列在一起的像素点。

缩放视图

缩放视图是绘制图形时必不可少的辅助操作，可以让读者在大图和细节显示上进行切换。

● 适合窗口大小。绘制图像时，执行【视图】-【画板适合窗口大小】命令，或按Ctrl+0组合键，图像就会最大限度地全部显示在工作界面中并保持其完整性。

● 实际大小。执行【视图】-【实际大小】命令，或按Ctrl+1组合键，可以将图像按100%的效果显示。

● 放大。执行【视图】-【放大】命令，或按Ctrl++组合键，页面内的图像就会被放大。也可以使用【缩放工具】放大显示图像。单击【缩放工具】按钮，指针会变为一个中心带有加号的放大镜，单击鼠标左键，图像就会被放大。也可以使用状态栏放大显示图像，在状态栏的百分比参数框中选择比例值，或者直接输入需要放大的百分比数值，按Enter键即可执行放大操作。还可以使用【导航器】面板放大显示图像，单击面板下端滑动条右侧的三角图标，可逐级放大图像；拖动三角形滑块可以将图像任意放大；在左下角数值框中直接输入数值，按Enter键也可以放大图像。

● 缩小。执行【视图】-【缩小】命令，或按Ctrl+-组合键，页面内的图像就会被缩小。也可以使用【缩放工具】缩小显示图像。选择【缩放工具】后，按住Alt键，图标变为缩小图标，单击鼠标左键，图像就会被缩小。还可以使用状态栏或【导航器】面板进行视图的缩小操作，方法同放大图像的操作相似。

标尺

使用标尺、参考线和网格绘制图形时，标尺可以对图形进行精确定位，还可以测量图形的准确尺寸；参考线可以确定对象的相对位置。标尺和参考线不会被打印输出。

执行【视图】-【标尺】-【显示标尺】命令，或按Ctrl+R组合键，在当前图形文件窗口左侧和上侧会出现两个带有刻度的标尺（X轴和Y轴）。两个标尺相交的位置是标尺零点，默认情况下，标尺的零点位置在画板的左上角。标尺零点可以根据需要而改变，将鼠标指针指向视图中左上角标尺相交的位置，按住鼠标左键并向右下方拖动，会出现两条十字交叉的虚线，调整到目标位置后释放鼠标，新的零点位置就设置好了。

参考线

参考线在绘制图形的过程中,有助于图形对齐。参考线分为普通参考线和智能参考线,普通参考线又分为水平参考线和垂直参考线。执行【视图】-【参考线】命令,可以显示出参考线。

网格

网格是一系列交叉的虚线或点,可以精确地对齐和定位对象。执行【视图】-【显示网格】命令,可以显示出网格;执行【视图】-【隐藏网格】命令,可以将网格隐藏。

选择工具和直接选择工具

选择工具箱中的【选择工具】或按快捷键 V,单击文档中的任何一个对象即可选中被单击的对象。当选择多个对象时,只需按住鼠标左键单击绘图区域内的某一点,然后拖动鼠标,使选取的多个对象包含在选取框内即可,如图 1-29 所示。

图 1-29 利用选择工具选中图形

选择工具箱中的【直接选择工具】或按快捷键 A,用于选择对象内的锚点或路径段。选择工具箱中的【直接选择工具】,然后在需要选择的路径上单击即可选中该路径,选中路径后可以看到路径上出现锚点,如图 1-30 所示。在锚点上单击即可选中锚点,然后拖动锚点即可移动锚点位置,图形也随之发生变化,如图 1-31 所示。

图 1-30 选中图形路径

图 1-31 图形发生变化

【对齐】面板

在 Illustrator 中,【对齐】面板是比较常用的面板之一。利用【对齐】面板可以有效地对齐或分布选中的多个图形。执行【窗口】-【对齐】命令，弹出【对齐】面板，如图 1-32 所示。

图 1-32　【对齐】面板

【对齐】面板中各项的含义如下。

左对齐▤：单击该按钮时，选中的对象将以最左侧的对象为基准，将所有对象的左边界调整到一条基线上。

水平居中对齐▤：单击该按钮时，选中的对象将以中心的对象为基准，将所有对象的垂直中心线调整到一条基线上。

右对齐▤：单击该按钮时，选中的对象将以最右侧的对象为基准，将所有对象的右边界调整到一条基线上。

顶部对齐▥：单击该按钮时，选中的对象将以顶部的对象为基准，将所有对象的上边界调整到一条基线上。

垂直居中对齐▤：单击该按钮时，选中的对象将以水平的对象为基准，将所有对象的水平中心线调整到一条基线上。

底部对齐▥：单击该按钮时，选中的对象将以底部的对象为基准，将所有对象的下边界调整到一条基线上。

垂直顶部分布▤：单击该按钮时，将平均每一个对象顶部基线之间的距离。

垂直居中分布▤：单击该按钮时，将平均每一个对象水平中心基线之间的距离。

垂直底部分布▤：单击该按钮时，将平均每一个对象底部基线之间的距离。

左分布▥：单击该按钮时，将平均每一个对象左侧基线之间的距离。

水平居中分布▥：单击该按钮时，将平均每一个对象垂直中心基线之间的距离。

右分布▥：单击该按钮时，将平均每一个对象右侧基线之间的距离。

路径查找器

用于调整图形与图形之间的组合关系，通过路径"加""减"运算来绘制各种各样的形状，是设计师必学技能之一。【路径查找器】面板共分为两个部分，上面 4 个按钮是形状模式部分，下面 6 个按钮是查找路径部分，如图 1-33 所示。

图 1-33　【路径查找器】面板

【路径查找器】面板中各项的含义如下。

联集▥：将所有选择的图形合并为一个形状，如果这些图形颜色不统一，则统一成最上面的图形颜色。

减去顶层▥：用下面的图形减去最上面的图形，得到一个新的图形。

交集▥：删除选中图形中没有重叠的部分，并将重叠的部分合并为一个新的图形。

差集▥：和上面的交集相反，删除选中图形中重叠的部分，将剩下的部分变成一个复合路径。

分割：将重叠在一起的路径分割成单独的路径。如两个相交圆，在应用分割工具后，再取消编组，可以看到两个相交圆就被分割成两个半圆和一个椭圆了（中间相交部分）。

修边：删除已填充对象被隐藏的部分，即删除所有描边，且不合并相同颜色的对象。

合并：删除已填充对象被隐藏的部分，即删除所有描边，且合并具有相同颜色的相邻或重叠的对象。

裁剪：选中两个图形，单击【裁剪】按钮，两个图形重叠的部分被保留，形成一个新的形状，颜色会变成下方图形形状的颜色，同时取消描边。

轮廓：单击【轮廓】按钮，可以方便地看到所有图形的外轮廓，然后再对其进行上色和编辑操作。

减去后方对象：减去后面图形与前面图形重叠部分，得到新图形，新图形颜色由前面图形决定。

（10）选择工具箱中的【椭圆工具】，单击工具箱中的【填色】按钮，将颜色设置为#07659F，然后按住 Shift 键，单击鼠标左键进行拖动，绘制正圆形并填充颜色，如图 1-34 所示。

（11）使用【选择工具】选中刚刚绘制好的正圆形，按 Ctrl+C 组合键进行复制，再按 Ctrl+F 组合键进行原位粘贴，得到两个一模一样的同心圆。使用【直接选择工具】选中上面的同心圆，同时按 Ctrl+Alt 组合键对该圆进行等比例缩放，然后更改缩放后圆形的颜色为#6EA0D5，如图 1-35 所示。

图 1-34　绘制正圆形

图 1-35　绘制同心圆

（12）调整螺丝刀、扳手、同心圆位置及前后顺序，最终效果如图 1-36 所示。

图 1-36　最终效果图

🎬 项目任务单　标志设计项目

1.　文件的基本操作

启动 Illustrator 软件后，需要新建文档才能进行后续的设计工作。

（1）新建文档。

启动 Illustrator 软件，执行【文件】-【新建】命令，弹出【新建文档】对话框，可以输入文档名称、设置画板大小、选择文档的颜色模式，单击【确定】按钮，进入 Illustrator 的工作界面，这时就能开始设计工作了。

（2）保存文档。

执行【文件】-【存储】命令，可将文件保存在相应的文件夹中，也可按 Ctrl+S 快捷键。

项目记录：

_____

_____

_____

_____

_____

_____

2.　认识图形图像

（1）新建文档。

执行【文件】-【新建】命令或按 Ctrl+N 组合键，打开【新建文档】对话框，在【名称】文本框中输入"标志设计"，设置画板【宽度】为 500px，【高度】为 500px，其他默认，单击【确定】按钮。

（2）绘制图形。

绘制螺丝刀。选择工具箱中的【多边形工具】，单击文档空白处，弹出【多边形】对话框，设置相应的参数。

（3）调整六边形方向。

选中六边形，单击鼠标右键，在弹出的快捷菜单中选择【变换】-【旋转】命令，弹出【旋转】对话框，设置旋转角度为 90°。

（4）选择工具箱中的【直接选择工具】或按快捷键 A，选中六边形左侧的两个控制点。

（5）向左平行拖动控制点，使其形状发生变化，造型更接近于螺丝刀刀头。

（6）绘制螺丝刀手柄。选择工具箱中的【圆角矩形工具】，单击文档空白处，弹出【圆角矩形】对话框，设置相应的参数。

（7）选择工具箱中的【矩形工具】，绘制螺丝刀连接部分。

（8）选择工具箱中的【选择工具】或按快捷键 V，调整螺丝刀各个部分的大小及位置关系，调整好后按 Ctrl+G 组合键，对这三个图形进行组合。

项目记录：

_____

_____

_____

_____

_____

_____

3.　图形的显示

（1）选择工具箱中的【椭圆工具】，单击工具箱中的【填色】按钮█，进行颜色设置，然后按住 Shift 键单击鼠标左键进行拖动，绘制正圆形并填充颜色。

（2）选择工具箱中的【圆角矩形工具】，单击工具箱中的【填色】按钮█，进行颜色设置，然后按住鼠标左键进行拖动，绘制扳手手柄。

（3）选择工具箱中的【选择工具】，同时选中正圆形和圆角矩形，然后执行【窗口】-【对齐】命令或者按 Shift+F7 组合键，打开【对齐】面板，执行垂直居中命令。

（4）选择工具箱中的【多边形工具】，在空白区域内单击，弹出【多边形】对话框，设置【边数】为8，单击【确定】按钮。

（5）为了区分多边形与绘制好的正圆形，可根据个人喜好更改多边形的颜色，并将多边形放置在正圆形右侧，同时执行【窗口】-【对齐】命令，打开【对齐】面板，执行垂直居中命令。

（6）按住 Shift 键，同时选择【直接选择工具】，选中多边形右侧的 4 个锚点，进行平行拖动，使多边形呈现拉伸效果。

（7）选择工具箱中的【选择工具】，框选正圆形和多边形，执行【窗口】-【路径查找器】命令或者按 Shift+Ctrl+F9 组合键，打开【路径查找器】面板。

（8）单击【减去顶层】按钮，得到新图形。

（9）选择工具箱中的【选择工具】，框选绘制扳手的所有图形，执行垂直居中对齐命令，调整好后按 Ctrl+G 组合键，对这三个图形进行组合。

（10）选择工具箱中的【椭圆工具】，单击工具箱中的【填色】按钮█，将颜色设置为#07659F，然后按住 Shift 键单击鼠标左键进行拖动，绘制正圆形并填充颜色。

（11）使用【选择工具】选中刚刚绘制好的正圆形，按 Ctrl+C 组合键进行复制，再按 Ctrl+F 组合键进行原位粘贴，得到两个一模一样的同心圆。使用【直接选择工具】选中上面的同心圆，同时按 Ctrl+Alt 组合键对该圆进行等比例缩放，然后更改缩放后圆形的颜色为 #6EA0D5。

（12）调整螺丝刀、扳手、同心圆位置及前后顺序。

项目记录：

_____

_____

_____

_____

_____

单项选择题

1. 在 Illustrator 中，新建文件的快捷键是（   ）。

   A.Ctrl+O　　　　　B.Ctrl+M　　　　　C.Ctrl+W　　　　　D.Ctrl+N

2. 默认情况下，Illustrator 工作区域包含下列哪几个部分？（   ）

   A. 绘图区、工具箱、面板、菜单栏、对齐

   B. 绘图区、图层、路径查找器、菜单栏

   C. 绘图区、工具箱、面板、菜单栏

   D. 绘图区、【段落】面板、【图层】面板、菜单栏

3. 下列关于【对齐】面板的描述，正确的是（   ）。

   A. 在 Illustrator 中，【对齐】面板是比较常用的面板之一。利用【对齐】面板可以有效地对齐或分布选中的多个图形

   B. 在 Illustrator 中，【对齐】面板是比较常用的面板之一。利用【对齐】面板只可以有效地对齐或分布 5 ～ 10 个图形

   C. 在 Illustrator 中，【对齐】面板是比较常用的面板之一。利用【对齐】面板只可以有效地对齐或分布选中的多个图形。执行【编辑】-【对齐】命令，弹出【对齐】面板

   D. 在 Illustrator 中，【对齐】面板是比较常用的面板之一。利用【对齐】面板只可以有效地对齐或分布选中的多个图形。执行【视图】-【对齐】命令，弹出【对齐】面板

4. 以下关于路径查找器的描述，不正确的是（   ）。

   A. 路径查找器是用于调整图形与图形之间的组合关系

   B. 路径查找器是通过路径"加""减"运算来绘制各种各样的形状

   C.【路径查找器】面板共分为两个部分，上面 6 个按钮是查找路径部分，下面 4 个按钮是形状模式部分

   D.【路径查找器】面板共分为两个部分，上面 4 个按钮是形状模式部分，下面 6 个按钮是查找路径部分

5. 以下关于直接选择工具的描述，不正确的是（   ）。

   A. 选择工具箱中的【直接选择工具】，然后在需要选择的路径上单击即可选中该路径

   B. 使用直接选择工具时，可以通过选择工具箱中的【直接选择工具】或按快捷键 V

   C. 使用直接选择工具时，可以通过选择工具箱中的【直接选择工具】或按快捷键 A

   D. 使用直接选择工具在锚点上单击即可选中锚点，然后拖动锚点即可移动锚点位置，调整图形轮廓，随后图形也发生变化

参考答案： 1.D　　　2.C　　　3.A　　　4.C　　　5.B

项目二 ⚙ 插画设计——儿童书籍插画设计

项目导读：

　　从某种意义上讲，绘画艺术成了基础学科，插画成了应用学科。纵观插画发展的历史，其应用范围在不断扩大。特别是在信息高速发达的今天，人们的日常生活中充满了各种各样的商业信息，插画设计已成为现实社会中不可替代的艺术形式。因此，如何对现代插画的诸多知识加以深入地学习、思考和研究，从而更好地为社会服务，是我们学习的目的所在。

2.1　插画的历史演变

1. 插画艺术的发展

　　插画艺术的发展有着悠久的历史。看似平凡简单的插画，却有很大的内涵。从世界最古老的插画洞窟壁画（见图 2-1），到日本江户时代的民间版画浮世绘（见图 2-2），无一不演示着插画的发展历程。现代插画是在 19 世纪初随着报刊、图书的变迁发展起来的。而它真正的黄金时代则是 20 世纪五六十年代从美国开始的，如图 2-3 所示。当时刚从美术作品中分离出来的插图明显带有绘画色彩，而从事插图的作者也多半是职业画家，以后又受抽象表现主义画派的影响，从具象转变为抽象。直到 20 世纪 70 年代，插画才重新回到了写实风格。

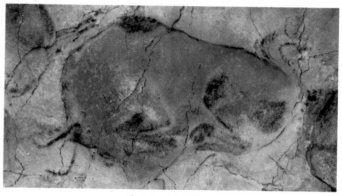

图 2-1　洞窟壁画

图 2-2　日本江户时代的浮世绘

图 2-3　20 世纪 50 年代的美国插画

　　中国最早的插画是以版画形式出现的，随着佛教文化的传入，为宣传教义而在经书中用的"变相"图解经文就是一种插画。根据史料记载，我国最早的版画作品是唐肃宗时刊行的《陀罗尼经咒图》，如图 2-4 所示。刊记确切年代的则是唐懿宗咸通九年 (868 年) 的《金刚般若波罗蜜经》中的扉页画。到了宋、金、元时期，书籍插画有了长足进步，应用范围扩大到医药书、历史地理书、考古图录书、日用百科书等书籍中，并出现了彩色套印插画。明、清时期，可以说是古代插画艺术的大发展时期，全国各地都有刻书行业。

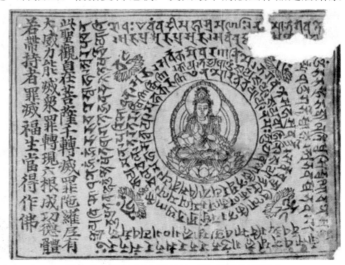

图 2-4　唐肃宗时刊行的《陀罗尼经咒图》

插画在不同的地域形成了不同的风格。插画的形式大体有以下几种：卷首附图、文中插图、上图下文或下图上文、内封面或扉页画和牌记等。我国古代插画的历史演变，可以看作是版画的发展历史，同时，也是民间年画史，只不过民间年画更早地独立成为一种商品，如图2-5所示，它是商业插画的前身。

欧洲的插画历史与我国相似，最早也是应用于宗教读物之中。后来，插画被广泛应用于自然科学书籍、文法书籍和经典作家文集等出版物之中。

社会发展到今天，插画被广泛地应用于社会的各个领域。插画艺术不仅扩展了我们的视野，丰富了我们的头脑，给我们以无限的想象空间，更开阔了我们的心智。随着艺术的日益商品化和新的绘画材

图2-5　明清时期的木版年画

料及工具的出现，插画艺术进入商业化时代。插画在商品经济时代，对经济的发展起到了巨大的推动作用。插画的概念已远远超出了传统规定的范畴。纵观当今插画界，画家们不再局限于某一风格，他们经常打破以往单一使用一种材料的方式，为达到预想的效果，广泛地运用各种手段，使插画艺术的发展获得了更广阔的空间和无限的可能。在中国，插画虽然发展得比较晚，但追其溯源，源远流长。插画经过解放后黑板报、版画、宣传画风格的发展，以及20世纪80年代后对国际流行风格的借鉴，90年代中后期随着计算机技术的普及，更多使用计算机进行插画设计的新锐作者涌现……插画从诞生的母体——书籍以外，找到了巨大的生存空间。丰富的载体随着技术的进步、社会的需要而不断涌现。

2. 插画的定义

《辞海》对"插画"的解释是："指插附在书刊中的图画。有的印在正文中间，有的用插页方式，对正文内容起补充说明或艺术欣赏作用。"这种解释主要是针对书籍插图的定义，是一种狭义的定义。由于信息时代的来临，社会的发展，现代插画的含义已从过去狭义的概念(只限于画和图)变为广义的概念，"插画"就是我们平常所看的报纸、杂志、各种刊物或儿童图画书中，在文字间所插入的图画，统统称为"插画"。插画，在拉丁文的字义里，原是"照亮"的意思。望文生义，它原来是用以增加刊物中文字所赋予的趣味性，使文字部分能更生动、更具象地活跃在读者的心中。而在如今各种出版物中，插画的重要性早已远远地超过了这个"照亮文字"的陪衬地位。它不但能突出主题的思想，而且还能增强艺术的感染力。插画是一种艺术形式，作为现代设计的一种重要的视觉传达形式，以其直观的形象性、真实的生活感和美的感染力，在现代设计

中占有特定的地位,被广泛应用于现代设计的多个领域,涉及文化活动、社会公共事业、商业活动、影视文化等方面。

3. 插画的应用领域

书籍插画:这类插画主要是为书籍的封面、版面、正文而创作的。按书籍的类别进行划分,大致可分为文学艺术类书籍、科学技术类书籍(社会科学和自然科学)以及派生出来的边缘学科类书籍等,如图2-6和图2-7所示。

图 2-6　儿童读物插画　　　　　　　　　　图 2-7　科学技术插画

商业插画:商业插画是以传达商业信息为主要目的,它包括一切与商业活动有关的插画。它是商业设计的一部分,具有明确的从属性与制约性,艺术表现必须服从于图形、图表等文字以外的一切视觉化形式,以达到设计所需的效果,如图2-8和图2-9所示。

图 2-8　城市插画　　　　　　　　　　　图 2-9　周末活动插画

特殊范围的插画:这类插画处于文化与商业之间,既具有文化性,又具有商业性,如影视插画、服装插画、文化广告插画、公益事业广告插画、体育插画等,如图2-10所示。

图 2-10　公益广告插画

2.2　插画的界定

1. 现代插画界定

现代插画与一般意义上的艺术插画有一定的区别，主要是两者的功能、表现形式、传播媒介等方面有着差异。

现代插画的服务对象首先是商品。商业活动要求把所承载的信息准确、明晰地传达给观众，希望人们对这些信息能正确接收、把握，并让观众在采取行动的同时得到美的感受，因此说它是为商业活动服务的。而一般意义的艺术插画大体有三个功能和目的。

- 作为文字的补充。
- 让人们得到感性认识的满足。
- 表现艺术家的美学观念、表现技巧，甚至表现艺术家的世界观、人生观。

现代插画的功能性非常强，偏离视觉传达目的的纯艺术往往使现代插画的功能减弱。因此，设计时不能让插画的主题有产生歧义的可能，必须立场鲜明、单纯、准确。

2. 现代插画的诉求功能

现代插画的基本诉求功能就是将信息最简洁、最明确、最清晰地传递给观众，引起他们的兴趣，努力使他们信服传递的内容，并在审美的过程中欣然接受宣传的内容，诱导他们采取最终行动。

- 展示生动具体的产品和服务形象，直观地传递信息。
- 激发消费者的兴趣。
- 增强广告的说服力。
- 强化商品的感染力，刺激消费者的欲求。

插画设计作为视觉艺术的一种形式,具体地说作为实用美术中的一分子,有着自身的审美特征,其中,最显而易见的有以下几种。

- 目的性与制约性。
- 实用性与通俗性。
- 形象性与直观性。
- 审美性与趣味性。
- 创造性与艺术想象。
- 多样化与多元化。

现代插画由于媒体、内容、表现手法、诉求对象的多样性,使它的审美标准也具有多样化、多元化的特征,如图 2-11 所示。

图 2-11　现代插画

现代插画的形式多种多样,可以传播媒体分类,也可以功能分类。

以传播媒体分类,基本上分为两大部分,即印刷媒体与影视媒体。印刷媒体包括招贴广告插画、报纸插画、杂志书籍插画、产品包装插画、企业形象宣传品插画等;影视媒体包括电影、电视、计算机显示屏等。

招贴广告插画:也称为宣传画、海报。在广告还主要依赖于印刷媒体传递信息的时代,可以说它处于主宰广告的地位,但随着影视媒体的出现,其应用范围有所缩小。

报纸插画：报纸是信息传递的媒介之一。它最大众化，具有成本低廉、发行量大、传播面广、传播速度快、制作周期短等特点，如图 2-12 所示。

图 2-12　报纸插画

杂志书籍插画：包括封面、封底的设计和正文的插画，广泛应用于各类书籍，如文学书籍、少儿书籍、科技书籍等。这种插画的影响力正在逐渐减退，但是在电子书籍、电子报刊中仍将大量存在，如图 2-13 所示。

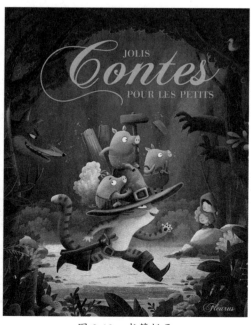

图 2-13　书籍插画

产品包装插画：产品包装使插画的应用更广泛。产品包装设计包含标志、图形、文字三个要素，如图 2-14 所示。产品包装插画有双重使命：一是介绍产品，二是树立品牌形象。其最突出的特点在于它介于平面与立体设计之间。

图 2-14　产品包装插画

企业形象宣传品插画：它是企业的 VI 设计，包含在企业形象设计的基础系统和应用系统的两大部分之中。

影视媒体中的影视插画：是指电影、电视中出现的插画，一般在广告片中出现得较多。影视插画也包括计算机荧屏。计算机荧屏如今成了商业插画的表现空间，众多的图形库动画、游戏节目、图形表格都成了商业插画的一员，如图 2-15 所示。

图 2-15　影视插画

2.3   插画的表现手法

1. 写实表现手法

现代插画的从属性决定了它所传递的商业信息，商业活动信息必须准确。由于其大众化、实用化的特征，常常需要忠实地表现客观事物，特别是在关于产品形象的宣传中，写实技法被大量采用。它让人们在包装或广告上看到具体的直观形象，确认它的真实性以达到确实可信的效果，如图 2-16 所示。

图 2-16   写实风格插画

写实手法主要有两种手段：一种是绘画；另一种是摄影。两者有时互相独立，有时相互渗透。

（1）在绘画手法中，根据不同的设计意图可以有不同的切入点、形象、颜色、质感、肌理，但空间关系却不写实。

（2）超级写实手法目前运用得比较普遍，它融汇了照相现实主义和超现实主义的手法，借助摄影、喷绘、计算机等手段，能够达到非常"真实"的视觉效果，为视觉传达开拓了一个崭新的空间。

超级写实手法主要运用以下四种法则。

（1）移动聚焦：把不同距离的物体摆在同一个平面上。

（2）微观放大：缩短观察的距离，展现奇妙的微观世界。

（3）色彩提纯：将色彩对比和纯度提高，借助鲜明的色彩、强烈的对比来加强视觉冲击力。

（4）意念时空：将图像按二维、三维、多维的空间展开，以奇异的造型和时间错位取胜。这些法则的共同点是抓住事物的某一特点，尽量扩大，充分表现这一局部特点，使其非常逼真，整体处理充满主观色彩。

2. 抽象表现手法

抽象表现手法大量应用于有关抽象概念和观念性主题的表现之中，受现代艺术流派的影响，它为设计师提供了广阔的空间。运用抽象的形象能够表述思想意识中的概念及朦胧的情绪，让人们的想象力充分发挥，获得预期的传达效果。抽象的形象，可以是几何意味的图形，也可以是臆造的形象，总之，它把概念视觉化，并转化为图形。例如，某个企业形象的广告、社会问题的表现以及公共关系等无形的诉求内容，常常使用这种表现手法，如图2-17所示。

图 2-17　抽象风格人物插画

3. 幽默表现手法

幽默的手法表现为诙谐、滑稽、讽刺、漫不经意、随便，也可以说具有漫画的味道。幽默的表现手法所具有的滑稽、有趣、喜剧色彩常常能引起人们极大的兴趣。卡通形象的拟人化处理，就可归于此类。它一般在产品介绍、说明书、儿童读物中最常用，如图2-18所示。

图 2-18　幽默风格人物插画

4. 综合表现手法

　　综合表现手法是将上述几种手法糅合在一起的方法。摄影、手绘、拼贴、实物粘接等都可以运用，一切按需要进行，形成丰富变化的视觉效果。计算机辅助设计使这种综合手法变得更容易，大大拓展了设计师的创意空间和人们的想象空间，如图2-19所示。

图 2-19　综合表现手法插画

5. 立体插画

　　立体插画是一种特殊的手法，用实物制作。它的特点在于最大限度地利用材质的质地美和肌理效果。材质肌理本身具有一定的审美价值，它的图案、秩序、色相可供赏玩。在使用某种材质表现日常生活中的物品时，采用材质与被描绘对象本身的质地出现差异而使人们的视觉经验失去作用，从而让作品产生出人意料的效果。这样的作品一般是先制作实物，再摄影，最后排文字。最特殊的立体插画需要配戴立体眼镜方能观赏，其设计、印刷都十分讲究，这种插画模拟三维空间的效果相当逼真，如图2-20所示。

图 2-20　立体插画

2.4 颜色基础

（1）新建文档。执行【文件】-【新建】命令，在弹出的对话框中设置文档名称为"插画设计"，【宽度】为200mm，【高度】为200mm，【出血】为3mm，单击【确定】按钮，如图 2-21 所示。

（2）绘制圆形梦幻背景。使用工具箱中的【椭圆工具】，按住 Shift 键绘制正圆形。选择【网格工具】，单击正圆形的内部，进行网格绘制。绘制完成后，使用【直接选择工具】选中锚点进行颜色填充，如图 2-22 所示。

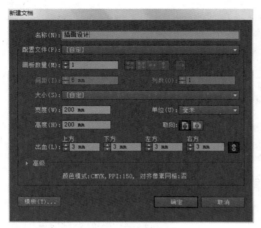

图 2-21　新建文档

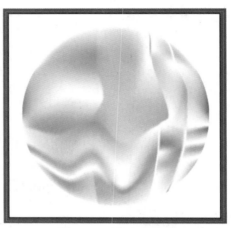

图 2-22　网格渐变绘制

知识链接：颜色填充

颜色基础

丰富多彩的颜色之间存在着一定的差异，如果需要精确地划分色彩之间的区别，就要用到颜色模式了。所谓的色彩模式，是将色彩表示成数据的一种方法。在图形设计领域里，统一把色彩模式用数值表示。简单地说，就是把色彩中的颜色分成几个基本的颜色组件，然后根据组件的不同而定义出各种不同的颜色。同时，对颜色组件不同的归类，就形成了不同的色彩模式。

Illustrator 支持很多种色彩模式，包括 HSB 模式、RGB 模式、CMYK 模式和灰度模式。在 Illustrator 中，最常用的是 RGB 模式和 CMYK 模式，其中 CMYK 是默认的色彩模式。

HSB 模式

在 HSB 模式中，H-Hue 代表色相，S-Saturation 代表饱和度，B-Brightness 代表明度。HSB 模式是以人们对颜色的感觉为基础，描述了颜色的 3 种基本特性。

RGB 模式

RGB 模式是最基本、使用最广泛的一种色彩模式。绝大多数可视性光谱，都是通过红色、绿色和蓝色这 3 种色光的不同比例和强度的混合来表示的，如图 2-23 所示。

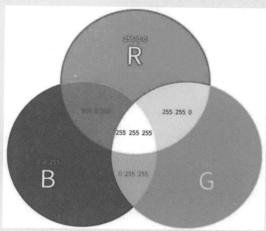

图 2-23　RGB 色环

在 RGB 模式中，R-Red 代表红色，G-Green 代表绿色，B-Blue 代表蓝色。在这 3 种颜色的重叠处，可以产生青色、洋红色、黄色和白色。每一种颜色都有 256 种不同的亮度值，也就是说，从理论上讲 RGB 模式有 256×256×256 共约 1600 多万种颜色，这就是大家常常听到的"真彩色"一词的来源。

由于 RGB 模式是由红、绿、蓝 3 种基本的颜色混合而产生各种颜色的，所以也称它为加色模式。当 RGB 的 3 种色彩的数值均为最小值 0 时，就会生成白色；当 3 种色彩的数值均为最大值 255 时，就会生成黑色。而当这 3 种色彩的数值为其他值时，所生成的颜色则介于这两种颜色之间。

在 Illustrator 中，还包含了一个修改 RGB 的模式，即网页安全模式，该模式可以在网络上适当地使用。

CMYK 模式

CMYK 模式为一种减色模式，也是 Illustrator CS6 默认的色彩模式。在 CMYK 模式中，C-Cyan 代表青色，M-Magenta 代表洋红色，Y-Yellow 代表黄色，K-Black 代表黑色。CMYK 模式通过反射某些颜色的光并吸收另外颜色的光，从而产生各种不同的颜色。在 RGB 模式中，由于字母 B 代表了黑色，为了不与之相混淆，所以，在单词 Black 中使用字母 K 代表黑色，如图 2-24 所示。

CMYK 模式以打印在纸上的油墨的光线吸收特性为基础，当白光照射到半透明的油墨上时，色谱中的一部分颜色被吸收，而另一部分则反射到了人的眼睛里。由于所有打印的油墨中都含有一定的杂质，因此这 3 种油墨则产生了土灰色。所以，只有与黑色油墨混合才能生成真正的黑色，这些油墨混合重现颜色的过程就称之为四色印刷。

设置CMYK模式中各种颜色的参数值,可以改变印刷的效果。在CMYK模式中,每一种印刷油墨都有0～100%之间的某一百分比值。最亮颜色指定的印刷油墨颜色百分比较低,而较暗颜色指定的印刷油墨颜色百分比较高。例如,一个亮红色可能包括0的青色、90%的洋红色、90%的黄色和0的黑色。在CMYK的印刷对象中,百分比较低的油墨将产生一种接近白色的颜色,而百分比较高的油墨将产生接近黑色的颜色。

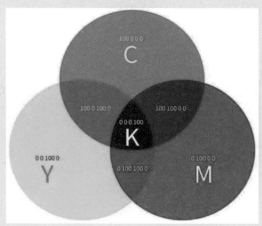

图 2-24 CMYK 色环

灰度模式

灰度模式中只存在颜色的灰度,而没有色度、饱和度等彩色信息。灰度模式可以使用256种不同浓度的灰度级,灰度值也可以使用0白色到100%黑色的百分比来度量。使用黑白或灰度扫描仪生成的图像,通常以灰度模式显示。

在灰度模式中,可以将彩色的图形转换为高品质的灰度图形。在这种情况下,Illustrator会放弃原有图形的所有彩色信息,转换后的图形的色度表示原图形的亮度。

当从灰度模式向RGB模式转换时,图形的颜色值取决于其转换图形的灰度值。灰度图形也可以转换为CMYK图形。

色域

色域是颜色系统中可以显示或打印的颜色范围,人眼看到的色谱比任何颜色模式中的色域都宽。通常,对于可在计算机或电视机屏幕上显示的颜色(红色、绿色和蓝色),RGB色域只包括这些颜色的子集,所以无法在显示器上精确地显示,如纯青色或纯黄色。CMYK的色域较窄,仅包含了使用油墨色打印的颜色范围。当在屏幕中无法显示出打印颜色时,这些颜色可能到了打印的CMYK色域外,这种情况称之为溢色。

颜色填充

通过给图形加上不同的颜色,会产生不同的感觉。可以通过使用Illustrator中的各种工具、面板和对话框为图形选择颜色。

利用【颜色】面板可设置填充颜色和描边颜色。从【颜色】面板菜单中可以创建当前填充颜色或描边颜色的反色和补色，还可以为选定颜色创建一个色板。执行【窗口】-【颜色】命令，弹出【颜色】面板，单击【颜色】面板右上角的三角形按钮，在面板菜单中选择当前取色时使用的颜色模式，即可使用不同的颜色模式显示颜色值，如图 2-25 所示。

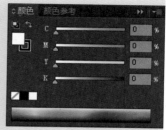

图 2-25　【颜色】面板

【颜色】面板上的默认填色和描边按钮用来恢复默认的填色和描边颜色，与工具箱中的默认填色和描边按钮的操作方法相同。

将光标移动到取色区域，光标变为吸管形状，单击可以选取颜色。拖动【颜色】面板中各个颜色滑块或在各个文本框中输入颜色值，就可以设置出更精确的颜色。

从【色板】面板中也可以选择颜色，执行【窗口】-【色板】命令，弹出【色板】面板。【色板】面板提供了多种颜色、渐变和图案，还可以添加并存储自定义的颜色、渐变和图案，如图 2-26 所示。

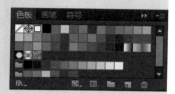

图 2-26　【色板】面板

色板库是预设颜色的集合，执行【窗口】-【色板库】命令或单击【色板】面板左下角的【色板库菜单】按钮，可以打开色板库。打开一个色板库时，该色板库将显示在新面板中。

在 Illustrator 软件中，应用【吸管工具】可以吸取颜色，用来更新对象的属性。在工具箱中，选择【吸管工具】，将光标移动到要复制属性的对象上并单击，则选择对象会按此对象的属性自动更新，如图 2-27 所示。

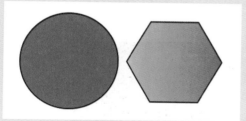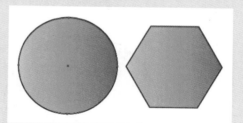

图 2-27　利用【吸管工具】更改属性

渐变填充

渐变填充是在同一个对象中，产生一种颜色或多种颜色向另一种颜色或多种颜色之间逐渐过渡的特殊效果。在 Illustrator 中，创建渐变效果有两种方法：一种是使用工具箱中的【渐变工具】，另一种是使用【渐变】面板。结合【颜色】面板，可以设置选定对象的渐变颜色；同时，还可以直接使用【色板】面板中的渐变样本。执行【窗口】-【渐变】命令，弹出【渐变】面板，如图 2-28 所示。

　　渐变颜色由渐变条中的一系列色标决定，色标是渐变从一种颜色到另一种颜色的转换点。可以选择【线性】或【径向】渐变类型；在【角度】下拉列表框中显示当前的渐变角度，重新输入数值后按 Enter 键可以改变渐变的角度；单击渐变条下方的渐变色标，在【位置】下拉列表框中显示该色标的位置，拖动色标可以改变该色标的位置，如图 2-29 所示；调整渐变色标的中点（使两种色标各占 50% 的点），可以拖动位于渐变条上方的菱形图标或选择图标并在【位置】下拉列表框中输入0～100 中的某个值。

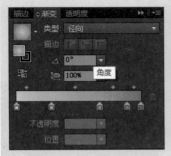 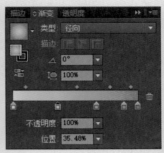 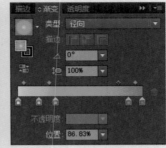

图 2-28　【渐变】面板　　　　　　　　　　图 2-29　设置渐变

渐变类型

　　如果需要精确地控制渐变颜色的属性，就需要使用【渐变】面板。在【渐变】面板中，有两种不同的渐变类型，即【线性】和【径向】渐变类型。

　　线性渐变：选取图形后，在工具箱中双击【渐变工具】或执行【窗口】-【渐变】命令，弹出【渐变】面板，即可为图形填充渐变颜色。默认状态下，添加的就是线性渐变，如图 2-30 所示。

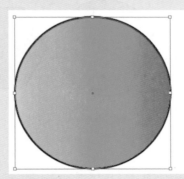 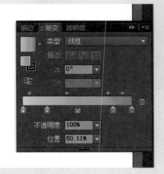

图 2-30　线性渐变效果

　　径向渐变：单击【渐变】面板中的【类型】下拉按钮，在弹出的下拉列表框中选择【径向】选项，如图 2-31 所示。

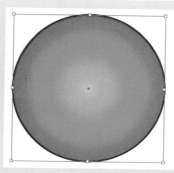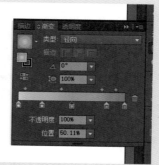

图 2-31　径向渐变效果

图案填充

图案填充可以使绘制的图形更加生动、形象。Illustrator 软件的【色板】面板中提供了一些预设图案。选择对象后，单击【色板】面板或者【图案】面板中的图案按钮，即可为当前对象添加图案效果，如图 2-32 所示。

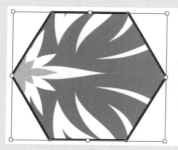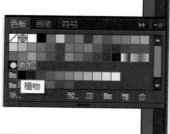

图 2-32　图案填充效果

渐变网格填充

渐变网格是将网格和渐变填充完美地结合在一起，可以对图形应用多个方向、多种颜色的渐变填充，使色彩渐变更加丰富、光滑。

创建渐变网格

首先选取图形，然后使用【网格工具】在图形中单击，将图形创建为渐变网格对象，在图形中增加横竖两条线交叉形成网格，如图 2-33 所示。继续在图形中单击，可以增加新的网格。在网格中，横竖两条线交叉形成的点就是网格点，而横线和竖线就是网格线。

选择需要添加渐变网格的对象，然后执行【对象】-【创建渐变网格】命令，弹出【创建渐变网格】对话框，如图 2-34 所示。

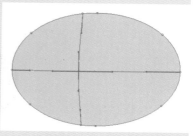

图 2-33　渐变网格工具效果

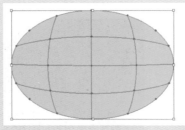

图 2-34　创建渐变网格

在【创建渐变网格】对话框中设置好参数以后，单击【确定】按钮，可以为图形创建渐变网格的填充。

编辑渐变网格

创建了渐变网格对象后，可以对其中的网格进行编辑和颜色方面的设置。使用【网格工具】或者【直接选择工具】选中网格点，然后按 Delete 键即可将网格点删除。使用【直接选择工具】选中网格点，然后在【色板】面板中单击需要的颜色块，可以为网格点填充颜色。使用【网格工具】或者【直接选择工具】在网格点上单击并拖动网格点，可以移动网格点，拖动网格点的控制手柄可以调节网格线，如图 2-35 所示。

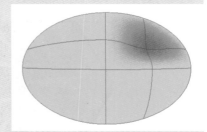

图 2-35　编辑渐变网格

2.5　图形轮廓与风格

（1）使用工具箱中的【钢笔工具】、【画笔工具】绘制靴子造型。靴子底颜色设置为 #6B8E32，靴子阴影颜色设置为 #577B34，靴子装饰花纹颜色设置为 #9CC596，轮廓描边颜色设置为 4pt 的黑色，如图 2-36 所示。

图 2-36　绘制靴子

（2）使用工具箱中的【弧形工具】、【画笔工具】、【椭圆工具】绘制植物。颜色设置如图 2-37 所示。

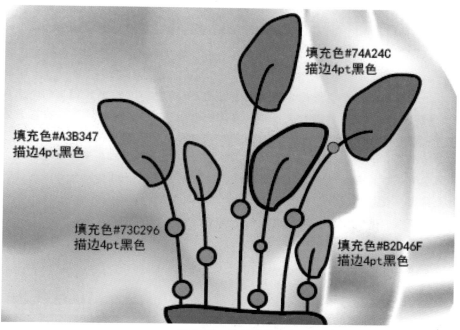

图 2-37　绘制植物

（3）使用工具箱中的【钢笔工具】、【填充与描边】、【路径查找器】、【直接选择工具】绘制小鸡、花瓶和喷壶。颜色设置如图 2-38 所示。

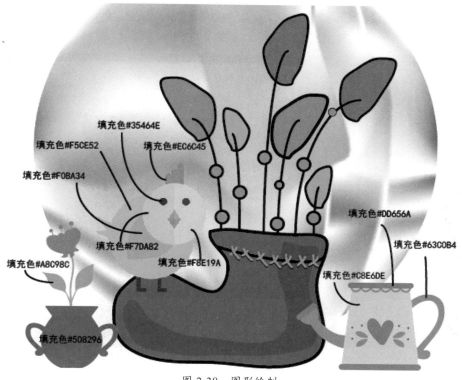

图 2-38　图形绘制

知识链接：图形的轮廓与风格

在填充对象时，还包括对其轮廓线的填充。除了经常用到的较简单的轮廓线填充外，还可以进一步对其进行设置，如更改轮廓线的宽度、形状，以及设置为虚线轮廓等。这些操作都可以在 Illustrator 提供的【描边】面板中实现。

【图形样式】面板是 Illustrator 中新增的面板，该面板中提供了多种已经预设的轮廓线填充图案，用户可从中进行选择，来为图形填充一种装饰性风格的图案，这样就无需用户花费时间与精力进行设置了，如图 2-39 所示。

图 2-39　【图形样式】面板

（4）执行【窗口】-【符号】命令，调出【符号】面板，单击面板右侧下拉箭头，选中【打开符号库】-【花朵】面板，分次插入玫瑰，调整其大小及位置，如图 2-40 所示。

（5）调整各个图形的位置关系，导出文件，如图 2-41 所示。

图 2-40　插入符号玫瑰

图 2-41　效果图

知识链接：符号库

　　符号类似于 Photoshop 中的喷枪工具所产生的效果，可完整地绘制一个预设的图案。在默认状态下，【符号】面板中提供了 18 种漂亮的符号样本，用户可以在同一个文件中多次使用这些符号。

　　用户还可以创建出所需要的图形，并将其定义为【符号】面板中的新样本符号。当创建好一个符号样本后，可以在页面中对其进行一定的编辑，也可以对【符号】面板中预设的符号进行一些修改。当重新定义时，修改过的符号样本将替换原来的符号样本。如果不希望原符号样本被替换，可以将其定义为新符号样本，以增加【符号】面板中的符号样本的数量，如图 2-42 所示。

图 2-42　【符号】面板

项目任务单　插画设计项目

1.　颜色基础

　　（1）新建文档。执行【文件】-【新建】命令，在弹出的对话框中设置文档名称为"插画设计"，【宽度】为 200mm，【高度】为 200mm，【出血】为 3mm，单击【确定】按钮。

　　（2）绘制圆形梦幻背景。使用工具箱中的【椭圆工具】，按住 Shift 键绘制正圆形。选择【网格工具】，单击正圆形的内部，进行网格绘制。绘制完成后，使用【直接选择工具】选中锚点进行颜色填充。

项目记录:

_____

_____

_____

_____

_____

_____

2. 图形轮廓与风格

（1）使用工具箱中的【钢笔工具】、【画笔工具】绘制靴子造型。靴子底颜色设置为#6B8E32，靴子阴影颜色设置为#577B34，靴子装饰花纹颜色设置为#9CC596，轮廓描边颜色设置为4pt的黑色。

（2）使用工具箱中的【弧形工具】、【画笔工具】、【椭圆工具】绘制植物。

（3）使用工具箱中的【钢笔工具】、【填充与描边】、【路径查找器】、【直接选择工具】绘制小鸡、花瓶和喷壶。

（4）执行【窗口】-【符号】命令，调出【符号】面板，单击面板右侧下拉箭头，选中【打开符号库】-【花朵】面板，分次插入玫瑰，调整其大小及位置。

（5）调整各个图形的位置关系，导出文件。

项目记录:

_____

_____

_____

_____

_____

_____

单项选择题

1. Illustrator 中提供了几种符号工具？（　　）

A. 2 种

B. 4 种

C. 6 种

D. 8 种

2. 当绘制好一个或多个符号对象后，使用下面哪种符号工具可对这些符号位置进行移动，同时还可调整符号的前后顺序？（　　）

A. 符号喷枪工具

B. 符号位移器工具

C. 符号紧缩器工具

D. 符号旋转器工具

3. 使用【符号喷枪工具】创建的是符号集图形，若要删除其中一个符号图形，可选择该工具后，按住（　　）键的同时单击所要删除的符号图形即可。

A. Shift

B. Tab

C. Ctrl

D. Alt

4. 使用下面哪种符号工具可改变符号的填充颜色？（　　）

A. 符号旋转器工具

B. 符号位移器工具

C. 符号着色器工具

D. 符号样式器工具

5. Illustrator 软件默认的色彩模式是（　　）。

A. CMYK

B. RGB

C. 灰度

D. HSB

答案：1. D　　2. B　　3. D　　4.C　　5.A

项目三 🎞 文字特效——公益海报设计

项目导读:

　　制作海报是平面设计中非常重要的内容。通常，海报中会使用到各种类型的文字，而 Illustrator 软件具有非常强大的文字处理功能，可以针对文本文字和段落文字以及图文混排进行处理。

　　本章通过制作"珍惜粮食"的公益海报学习文字的处理。

为了更好地完成本设计案例，现对制作要求及设计内容做如下规划，如表 3-1 所示。

表 3-1　海报制作要求及设计内容

作品名称	"珍惜粮食"公益海报
作品尺寸	70cm×100cm
设计创意	海报中以粮食的图片为背景，体现粮食丰收的含义，结合文字表达珍惜粮食的目的。本案例将通过【文字工具】、【直排文字工具】、【钢笔工具】等来制作海报效果
主要元素	粮食图片
应用软件	Illustrator CS6
素　材：	素材 \Cha03\ 海报素材 .ai
场　景：	场景 \Cha03\ 公益海报 .ai
视　频：	视频教学 \Cha03\ 公益海报制作 .mp4

3.1　创建点文本

通过【文字工具】、【直排文字工具】等来制作添加所需文本，其具体操作步骤如下。

（1）启动软件，按 Ctrl+N 组合键，在弹出的对话框中将【宽度】、【高度】分别设置为 70cm、100cm，将【分辨率】设置为 72 像素 / 英寸，将【颜色模式】设置为【RGB颜色】，单击【创建】按钮。

（2）为海报设置背景。将素材中背景图片调整宽度为 70cm、高度为 100cm，放置在文档中的合适位置。按 Ctrl+2 组合键锁定，以方便后续操作。

　　提示：对于背景图片在后续制作过程中不需要再次修改的内容，可以使用 Ctrl+2 组合键锁定。

（3）将素材中的"粮食"图片添加到文档中的合适位置，使用 Ctrl+] 组合键将其调整到最上层，并根据文档大小调整图片的大小，如图 3-1 所示。

图 3-1　设置背景

（4）在工具箱中选择【文本工具】 **T**。在菜单栏中选择【窗口】-【文字】-【字符】命令，打开【字符】属性面板，设置【字体】为【爱度综艺简体】，【大小】为350pt，如图3-2所示。文字效果如图3-3所示。

图3-2　设置文本格式

图3-3　文字效果

（5）为了让文字在海报中的位置和效果更加符合要求，在【字符】属性面板中设置【字符间距】为33，【水平缩放】为115%，如图3-4所示。文字效果如图3-5所示。

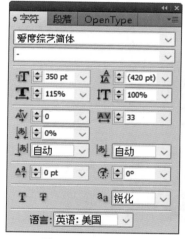

图3-4　设置文本格式

图3-5　文字效果

知识链接：创建点文本及设置格式

　　可以应用 Illustrator 软件工具箱所提供的文本工具创建文本。文本工具组中提供了6种工具，可以在工作区域创建横排或者竖排的点文本、段落文本或者区域文本，如图3-6所示。

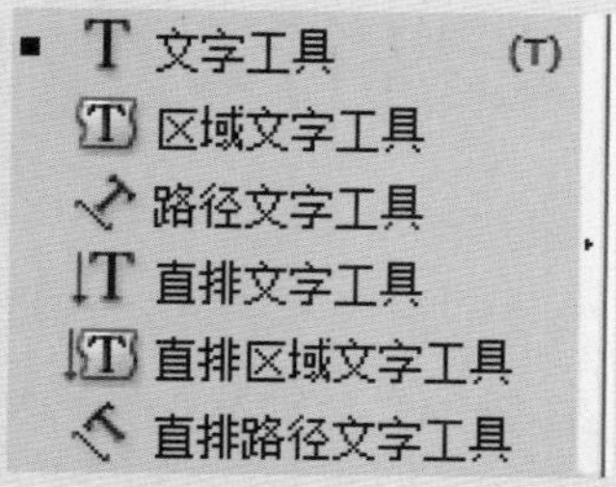

- **T** 文字工具　　　　　　　（T）
- ⊤ 区域文字工具
- ✑ 路径文字工具
- I⊤ 直排文字工具
- I⊤ 直排区域文字工具
- ✑ 直排路径文字工具

图3-6　文本工具组

- 【文字工具】T：可以在页面上创建独立于其他对象的横排文本。
- 【区域文字工具】T：可以将开放或者闭合的路径作为文本容器，并在其中创建横排文本。
- 【路径文字工具】：可以让文字沿着路径横向排列。
- 【直排文字工具】IT：可以创建竖排的文字。
- 【直排区域文字工具】IT：可以在开放或者闭合的路径中创建竖排文本。
- 【直排路径文字工具】：可以让文本沿着路径进行竖向排列。

创建点文本

当需要输入词语或者文字的内容比较少时，可以使用【文字工具】在绘图页面中单击输入文本。此时，输入的文本独立成行，不会自动换行。如果按照设计需要换行时，按 Enter 键开始新的一行。

设置字符格式

插入文本后，可以根据需要设置字符的格式。字符格式包括文本字体、大小、字符间距、行距等基本属性。这些字符格式决定了文本在页面中的外观和表现，是设计中必不可少的内容。一般可以通过选择【窗口】-【文字】-【字符】命令，在打开的【字符】面板中进行调整，如图 3-7 所示。

图 3-7 【字符】面板

- 字体：在字体下拉列表中选择一种字体，可以将其应用在选中的文字中。
- 字号 T：在字号下拉列表中可以调整和选择合适的字体大小。
- 行距 ：文本中行与行之间的距离。如果没有自定义行间距，则系统将使用自动行距。自动行距是根据字号的大小自动设置的。如图 3-8 所示为行距设置前后的效果。

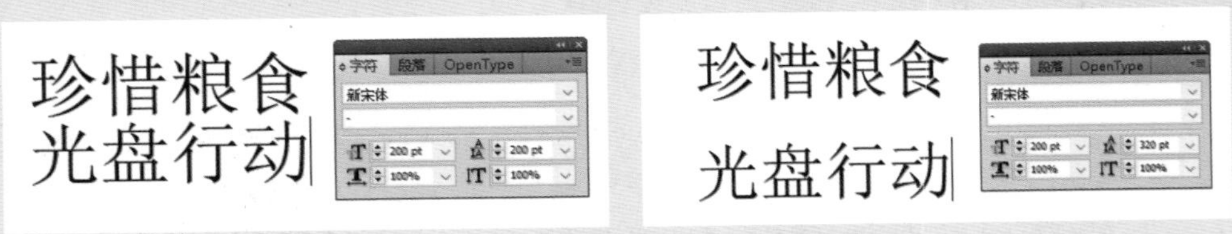

图 3-8 行距效果比较

- 水平缩放 T：保持文本的高度不变，只改变文本的宽度。如果是竖排文字，则产生相反的效果。如图 3-9 所示为文本水平缩放效果。

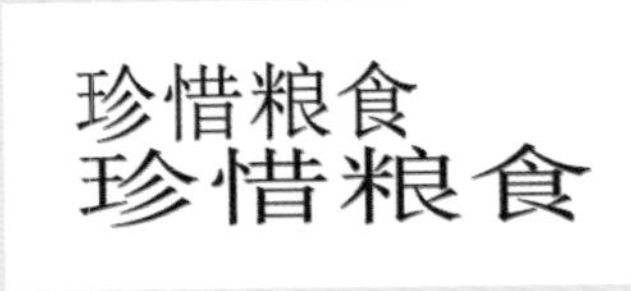

珍惜粮食
珍惜粮食

图 3-9 水平缩放效果

- 垂直缩放 **IT**：保持文本的宽度不变，只改变文本的高度，对于竖排文字会产生相反的效果。如图 3-10 所示为文本垂直缩放的效果。
- 字符间距 **AV**：用于控制两个文字或者字母之间的距离。
- 基线偏移 **A§**：用于改变文字与基线的距离，使用基线偏移，可以创建上标或者下标。如图 3-11 所示为基线偏移的效果。

图 3-10　垂直缩放效果　　　　　　　　　　图 3-11　基线偏移效果

（6）添加装修效果。在文字上方使用【椭圆工具】绘制圆形，并设置白色描边，宽度为 4pt。复制圆圈，按住 Alt 键拖动复制的圆圈使其向外扩展，如图 3-12 所示。

图 3-12　绘制圆圈

（7）选择外部圆圈，打开【描边】属性面板，选中"虚线"复选框，并设置虚线的间隙为 10pt，如图 3-13 所示。设置后的虚线效果如图 3-14 所示。

图 3-13　设置虚线　　　　　　　　　　图 3-14　虚线效果

（8）使用【文字工具】输入"爱粮"两个字，设置【字体】为【方正胖头鱼简体】，【字号】为60pt，使用【选择工具】将文字移动到圆圈内部，并调整对齐，如图3-15所示。

图 3-15　装饰文字效果1

（9）将文字和圆圈选中，按 Ctrl+G 组合键将其编组，并按住 Alt 键复制出三组装饰文字，全部选中后设置为水平居中分布。修改其他三组的文字分别为"节粮""反对""浪费"，如图3-16所示。

图 3-16　装饰文字效果2

（10）在菜单栏中选择【视图】-【显示网格】和【对齐网格】命令，使用【钢笔工具】在网格中绘制如图3-17所示的图形。

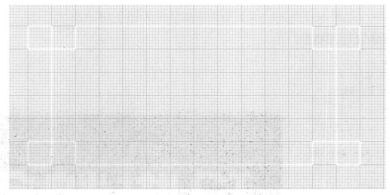

图 3-17　绘制装饰图形

（11）使用【选择工具】将图形放在页面中间，调整大小。使用【直接选择工具】选中右边的锚点，向右拖动，延长图形的长度，并为其设置填充色，如图3-18所示。

图 3-18　为装饰图形设置填充色

（12）使用【文字工具】添加文字"一粥一饭当思来之不易"，在【字符】面板中设置文字的【字体】为【爱度综艺简体】，【字号】为 74pt，【字符间距】为 200，效果如图 3-19 所示。

图 3-19　设置文字效果

（13）选择【钢笔工具】绘制曲线路径，如图 3-20 所示。

图 3-20　绘制曲线路径

（14）选择【路径文字工具】，单击曲线路径，输入文字"一斤粮 千滴汗"，使其变为曲线文字，并设置文字字体和字号，效果如图 3-21 所示。

图 3-21　曲线文字

（15）将素材"汗滴"图片调整大小后放在文字中间位置，如图 3-22 所示。

图 3-22　添加图片

知识链接：创建路径文字

　　选择【路径文字工具】和【直排路径文字工具】可以在页面中输入沿着开放或者闭合路径边缘排列的文字。在使用这两个工具时，页面中必须事先绘制一个路径，然后在该路径中输入文字。

　　使用【钢笔工具】在页面中绘制一个路径，选择【路径文字工具】，将光标放在曲线路径的边缘处单击，此时的路径转换为文本路径。原来的路径将不再具有描边或者填充的属性，如图 3-23 所示。

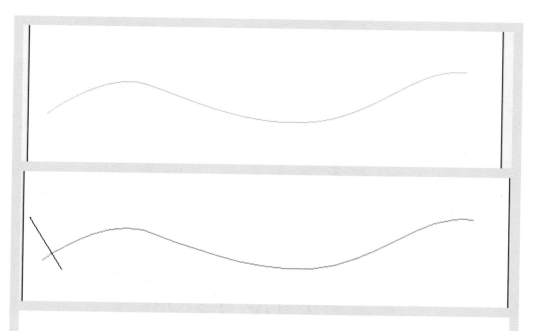

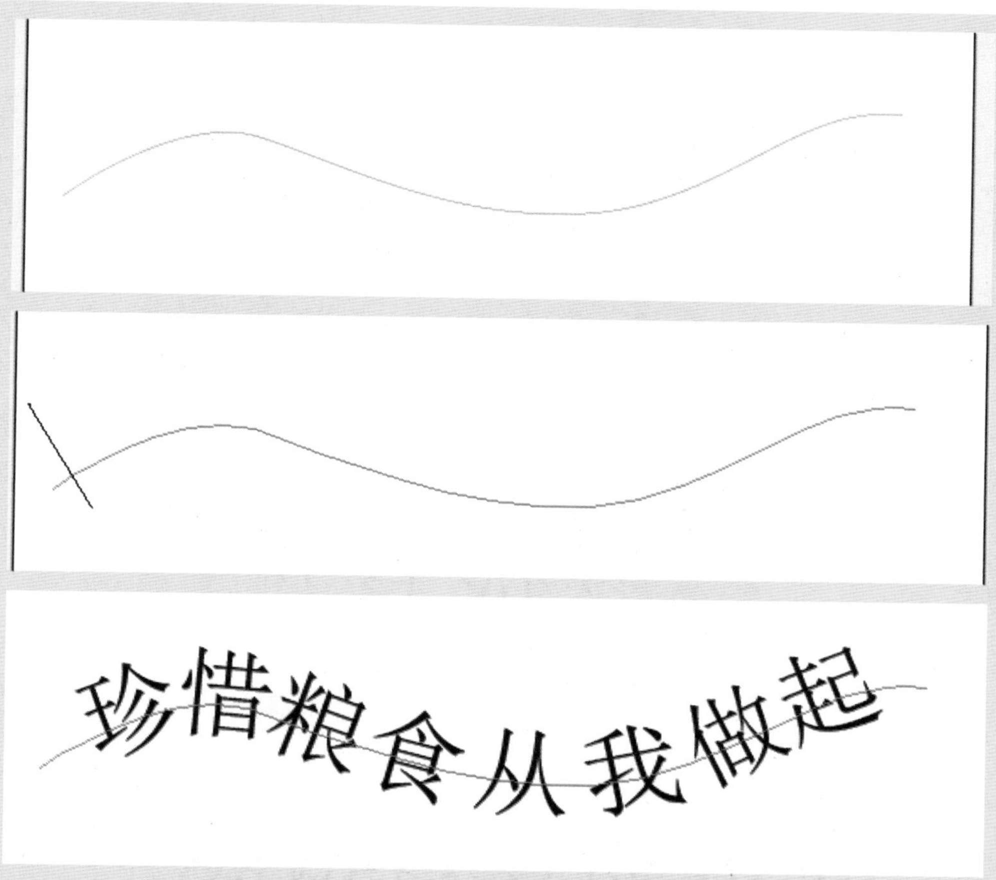

图 3-23　路径设置

　　如果输入的文字超出了文本路径所能容纳的范围，此时在路径末尾将出现溢出的标志"+"，如图 3-24 所示。

图 3-24　溢出现象

　　如果对路径文字不满意，可以使用【选择工具】选取要编辑的路径文本，文本中会出现"|"符号。拖动文字开始处的"|"符号可以沿着路径移动文本，拖动中间的"|"符号可以翻转文字在路径上的方向，拖动结尾处的"|"符号可以隐藏显示路径文本，如图 3-25 ～图 3-28 所示。

图 3-25　编辑符号

珍 惜 粮 食 从 你

图 3-26　拖动开始处的"|"符号

图 3-27　拖动中间的"|"符号

珍惜粮食从

图 3-28　拖动结尾处的"|"符号

使用【直排路径文字工具】可以改变文字在路径上的方向。

3.2　创建段落文本

在设计海报时，除了点文本之外，通常还会用到段落文本。本节通过创建并设置段落文本格式来学习文字编辑功能。

（1）使用【文字工具】在页面的下方单击并拖动鼠标，此时会出现一个文本框，创建文本框之后，即可输入文字创建段落文本，如图3-29所示。

图3-29　创建段落文本

（2）按Ctrl+Alt+T组合键打开【段落】面板，设置【首行左缩进】为100pt，单击【两端对齐，末行左对齐】按钮，设置段落格式。在【避头尾集】下拉列表中选择【严格】选项，效果如图3-30所示。

图3-30　设置段落格式

（3）使用【钢笔工具】绘制"[　]"符号，放置在段落文字两边作为装饰，效果如图3-31所示。

图 3-31　添加装饰效果

知识链接：创建段落文本、设置格式

创建段落文本

如果要输入大段的文字，可以使用【文字工具】或者【直排文字工具】在页面中单击并拖动鼠标，在出现的文本框中输入段落文字即可。

在输入文字的过程中，输入的文字到达文本框边界时会自动换行，框内的文字会根据文本框的大小自动调整。如果文本框无法容纳所有的文本，则文本框会显示"+"符号，如图 3-32 所示。

3-32　溢出现象

设置段落文本格式

段落格式是指为段落在页面上定义的不同外观，包括对齐方式、缩进、段落间距、制表符等。按 Ctrl+Alt+T 组合键可以打开【段落】面板，如图 3-33 所示。

3-33　【段落】面板

● 对齐方式

对齐方式包括左对齐▤、右对齐▤、居中对齐▤、两端对齐，末行左对齐▤、两端对齐，末行居中对齐▤、两端对齐，末行右对齐▤和全部两端对齐▤，如图 3-34 所示。

　　　节约粮食，是我们每个公民应尽的义务。虽然我们的生活水平越来越好了，但是我们不能因此就可以浪费粮食了。浪费是一种可耻的行为。其实节约意识非常简单，不多拿不多占。请记住节约粮食从我做起。

（a）左对齐

　　　节约粮食，是我们每个公民应尽的义务。虽然我们的生活水平越来越好了，但是我们不能因此就可以浪费粮食了。浪费是一种可耻的行为。其实节约意识非常简单，不多拿不多占。请记住节约粮食从我做起。

（e）两端对齐，末行居中对齐

　　　节约粮食，是我们每个公民应尽的义务。虽然我们的生活水平越来越好了，但是我们不能因此就可以浪费粮食了。浪费是一种可耻的行为。其实节约意识非常简单，不多拿不多占。请记住节约粮食从我做起。

（b）右对齐

　　　节约粮食，是我们每个公民应尽的义务。虽然我们的生活水平越来越好了，但是我们不能因此就可以浪费粮食了。浪费是一种可耻的行为。其实节约意识非常简单，不多拿不多占。请记住节约粮食从我做起。

（f）两端对齐，末行左对齐

　　　节约粮食，是我们每个公民应尽的义务。虽然我们的生活水平越来越好了，但是我们不能因此就可以浪费粮食了。浪费是一种可耻的行为。其实节约意识非常简单，不多拿不多占。请记住节约粮食从我做起。

（c）居中对齐

　　　节约粮食，是我们每个公民应尽的义务。虽然我们的生活水平越来越好了，但是我们不能因此就可以浪费粮食了。浪费是一种可耻的行为。其实节约意识非常简单，不多拿不多占。请记住节约粮食从我做起。

（g）两端对齐，末行右对齐

　　　节约粮食，是我们每个公民应尽的义务。虽然我们的生活水平越来越好了，但是我们不能因此就可以浪费粮食了。浪费是一种可耻的行为。其实节约意识非常简单，不多拿不多占。请记住节　约　粮　食　从　我　做　起　。

（d）全部两端对齐

3-34　段落对齐

● 缩进

段落缩进是指从文本对象的左右两边向内移动文本。

（1）左缩进▪▤：段落的左边界向内缩进的距离。

（2）右缩进▤▪：段落的右边界向内缩进的距离。

（3）首行左缩进▤：段落中首行的左边界向内缩进的距离。

　　　提示：在【首行缩进】的参数栏内，当输入的数值为正数时，相对于段落的左边界向内缩进；当输入的数值为负数时，相对于段落的左边界向外凸出，如图 3-35 所示。

节约粮食，是我们每个公民应尽的义务。虽然我们的生活水平越来越好了，但是我们不能因此就可以浪费粮食了。浪费是一种可耻的行为。其实节约意识非常简单，不多拿不多占。请记住节约粮食从我做起。

节约粮食，是我们每个公民应尽的义务。虽然我们的生活水平越来越好了，但是我们不能因此就可以浪费粮食了。浪费是一种可耻的行为。其实节约意识非常简单，不多拿不多占。请记住节约粮食从我做起。

3-35 首行缩进

● 段间距

段间距是指段落与段落之间的距离。在【段落】面板中有【段前间距】和【段后间距】两个参数可以调整。

（1）段前间距▇：设置当前段落与前一个段落之间的距离。

（2）段后间距▇：设置当前段落与后一个段落之间的距离。

实际段落间距是前段的段后距离和后段的段前距离之和。

● 连字

连字是针对罗马字符而言的。当某行行位的单词较长不能放在同一行时，如果不设置连字功能，整个单词都会自动转到下一行。如果设置了连字功能，即可以用连字符将一个单词分成两个部分写在两行，这样就提高了页面的美观度，如图3-36所示。

Saving food is the duty of every citizen. We can't waste our food, but we can't waste it. Waste is a shameful act. In fact, the sense of saving is very simple. You don't take more than you take. Please remember to save food from me.

Saving food is the duty of every citizen. We can't waste our food, but we can't waste it. Waste is a shameful act. In fact, the sense of saving is very simple. You don't take more than you take. Please remember to save food from me.

3-36 连字功能效果对比

● 避头尾集

在中文段落中，通常要避免标点符号出现在行首。在【段落】面板中的【避头尾集】的作用就是调整标点符号的位置。在【避头尾集】下拉列表中选择【严格】或者【宽松】选项都可以进行调整。

知识链接：创建区域文字

区域文字是指将文字放置在不规则的图形中。选取一个图形对象，选择【文字工具】，将光标移动到图形内部的路径边缘上单击，此时路径图形将出现闪烁的光标。

如果图形带有填充色或者描边色，则会自动变成无色，图形对象将自动转换成文本路径。这时输入文本即可，如图3-37所示。

节约粮食，是我们每个公民应尽的义务。虽然我们的生活水平越来越好了，但是我们不能因此就可以浪费粮食了。浪费是一种可耻的行为。其实节约意识非常简单，不多拿不多占。请记住节约粮食从我做起。

图 3-37　区域文字

如果输入的文字超出文本路径所能容纳的范围时，将出现文本溢出现象，显示"+"标志。使用【选择工具】选中文本路径，通过调整文本路径周围的控制点来调整路径的大小，可以显示所有的文字。

3.3　图文混排

在海报设计中，通常需要制作特殊效果的文字和段落，可以选择将文本转换成图形以及利用图文混排的方法来完成。

（1）选中"珍惜粮食"4个文字，右击，在弹出的快捷菜单中选择【创建轮廓】命令或者按Ctrl+Shift+O组合键将文本转换为普通路径。使用【直接选择工具】调整文字的不同锚点，使其出现特殊效果，如图3-38所示。

珍惜粮食

3-38　添加效果

> **提示**：将文本转换成图形后，文字将不再具有文本属性，变成了普通路径。在文字上会出现很多锚点，可以通过调节锚点改变文字的形状。

（2）选择素材中的"剪贴画"图片，将其放在段落文字下方。此时，图片的叠放层次出现问题。选择图片，按 Ctrl+] 组合键调整图片的叠放层次，向上移一层，将其放在背景图片和段落文字层次之间，如图 3-39 所示。

（3）打开【透明度】面板，设置混合模式为【正片叠底】，如图 3-40 所示。

3-39　添加图片

图 3-40　设置效果

（4）框选所有元素，右击，在弹出的快捷菜单中选择【编组】命令，公益海报设计完成，最终效果如图 3-41 所示。

图 3-41　效果图

知识链接：文本链接和分栏

如果页面中需要创建大量的文本，可以使用文本链接和分栏功能进行管理。

文本链接

（1）利用【文字工具】输入一段文字，由于文字内容较多，出现"+"溢出符号，如图3-42所示。

（2）使用【文本工具】拖出新的文本框，并将其和第一个文本框都选中，如图3-43所示。

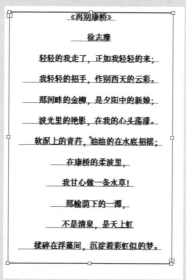

图 3-42　输入文本

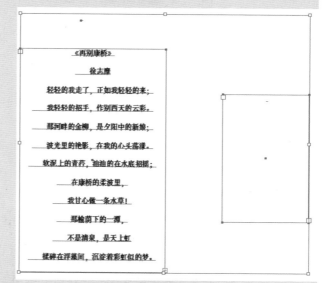

图 3-43　框选文本框

（3）选择【文字】-【串联文本】-【创建】命令，将文本框中多余的文字移动到闭合空文本框中，如图3-44所示。

文本链接通常在页面中文字较多时进行排版使用。

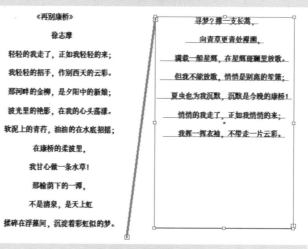

图 3-44　文本链接

提示： 选择【文字】-【串联文本】-【释放所选文字】命令，可以解除各文本框之间的链接状态，解除后的文本框之间不再有关联。

文本分栏

分栏是指将含有大段文字的文本框分成几个小的文本框，便于页面排版。

选中文本框，选择【文字】-【区域文字选项】命令，打开【区域文字选项】对话框，如图 3-45 所示。

图 3-45　【区域文字选项】对话框

- 【行】选项组：在【数量】微调框中输入行数，可以实现分成若干行，所有的行都具有相同的高度；【跨距】指的是行的高度；【间距】指的是栏与栏之间的距离。
- 【列】选项组：在【数量】微调框中输入列数，可以实现分成若干列，所有的列都具有相同的宽度；【跨距】指的是栏的宽度；【间距】指的是栏与栏之间的距离。
- 【文本排列】：有"按行从左到右"和"按列从左到右"两种文本流排列方式。

3.4　低碳生活公益海报

为宣传低碳生活、保护环境，某公司需要设计一张公益海报。设计思路要求以绿色为主打色，突出低碳生活，效果如图 3-46 所示。

通过【文本工具】、【圆角矩形工具】等制作公益海报。使用【文字工具】输入基本信息。

图 3-46　低碳生活公益海报

素材	场景 \Cha03\ 课后练习素材 .ai
场景	场景 \Cha03\ 课后练习 .ai
视频	视频教学 \Cha03\ 课后练习 .mp4

（1）按 Ctrl+N 组合键，在弹出的对话框中将【宽度】、【高度】分别设置为 600mm、900mm，将【分辨率】设置为 72 像素 / 英寸，将【颜色模式】设置为【RGB 颜色】，单击【创建】按钮。

（2）使用【选择工具】将素材图片放置在合适的位置上，如图 3-47 所示。

图 3-47　背景设置

（3）使用【文字工具】输入“低碳生活”4 个文字，设置合适的字体和字号，复制一份，使用【粉笔和炭笔】调整底层效果。继续使用【文字工具】输入“共建”“Law-carbon life”，设置合适的字体和字号，并放在合适的位置，如图 3-48 所示。

low-carbon life
共建低碳生活

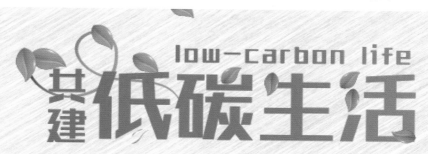

图 3-48　文本效果

（4）使用【圆角矩形工具】绘制圆角矩形，输入文本，如图 3-49 所示。

低碳生活/你我共享

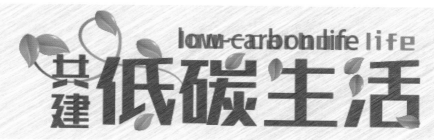

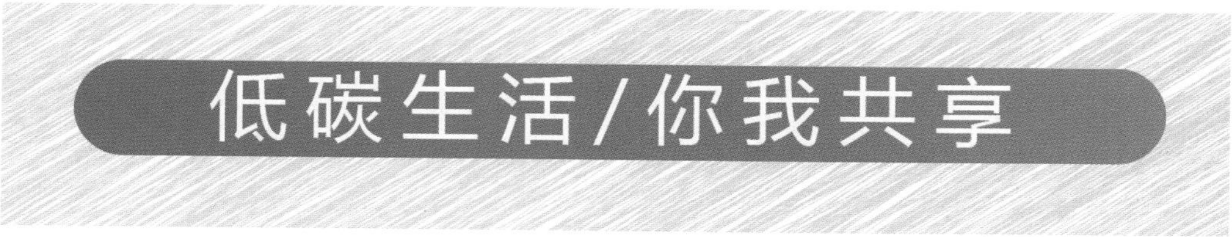

图 3-49　绘制圆角矩形并输入文本

（5）使用【文字工具】输入段落文字，并调整段落文字的格式，如图 3-50 所示。

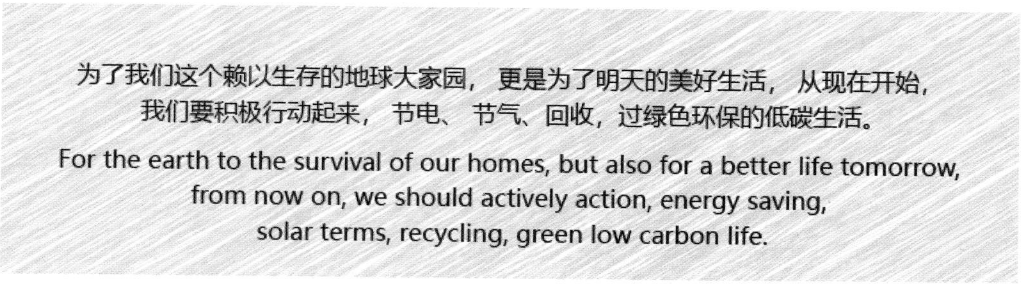

为了我们这个赖以生存的地球大家园， 更是为了明天的美好生活， 从现在开始，
我们要积极行动起来， 节电、 节气、 回收，过绿色环保的低碳生活。
For the earth to the survival of our homes, but also for a better life tomorrow,
from now on, we should actively action, energy saving,
solar terms, recycling, green low carbon life.

图 3-50　设置文本后的效果

🎬 项目任务单　文字特效项目

1.　创建点文本

通过【文字工具】、【直排文字工具】等来制作添加所需文本，其具体操作步骤如下。

（1）启动软件，按 Ctrl+N 组合键，在弹出的对话框中将【宽度】、【高度】分别设置为 70cm、100cm，将【分辨率】设置为 72 像素 / 英寸，将【颜色模式】设置为【RGB 颜色】，单击【创建】按钮。

（2）为海报设置背景。将素材中背景图片调整宽度为 70cm、高度为 100cm，放置在文档中的合适位置。按 Ctrl+2 组合键锁定，以方便后续操作。

（3）将素材中的"粮食"图片添加到文档中的合适位置，使用 Ctrl+] 组合键将其调整到最上层，并根据文档的大小调整图片的大小。

（4）在工具箱中选择【文本工具】 **T**。在菜单栏中选择【窗口】-【文字】-【字符】命令，打开【字符】属性面板，设置【字体】为【爱度综艺简体】，【大小】为 350pt。

（5）为了让文字在海报中的位置和效果更加符合要求，在【字符】属性面板中设置【字符间距】为 33，【水平缩放】为 115%。

（6）添加装修效果。在文字上方使用【椭圆工具】绘制圆形，并设置白色描边，宽度为 4pt。复制圆圈，按住 Alt 键拖动复制的圆圈使其向外扩展。

（7）选择外部圆圈，打开【描边】属性面板，选中【虚线】复选框，并设置虚线的间隙为 10pt。

（8）使用【文字工具】输入"爱粮"两个字，设置【字体】为【方正胖头鱼简体】，【字号】为 60pt，使用【选择工具】将文字移动到圆圈内部，并调整对齐。

（9）将文字和圆圈选中，按 Ctrl+G 组合键将其编组，并按住 Alt 键复制出三组装饰文字，全部选中后设置为水平居中分布。修改其他三组的文字分别为"节粮""反对""浪费"。

（10）在菜单栏中选择【视图】-【显示网格】和【对齐网格】命令，使用【钢笔工具】在网格中绘制形状。

（11）使用【选择工具】将图形放在页面中间，调整大小。使用【直接选择工具】选中右边的锚点，向右拖动，延长图形的长度，并为其设置填充色。

（12）使用【文字工具】添加文字"一粥一饭当思来之不易"，在【字符】面板中设置文字的【字体】为【爱度综艺简体】，【字号】为 74pt，【字符间距】为 200。

（13）使用【钢笔工具】绘制曲线路径。

（14）选择【路径文字工具】，单击曲线路径，输入文字"一斤粮 千滴汗"，使其变为曲线文字，并设置文字字体和字号。

（15）将素材"汗滴"图片调整大小后放在文字中间位置。

项目记录：

_____

_____

_____

_____

_____

_____

2.　创建段落文本

在设计海报时，除了点文本之外，通常还会用到段落文本。本节通过创建并设置段落文本格式学习文字编辑功能。

（1）使用【文字工具】在页面的下方单击并拖动鼠标，此时会出现一个文本框，创建文本框之后，即可输入文字创建段落文本。

（2）按 Ctrl+Alt+T 组合键打开【段落】面板，设置【首行左缩进】为 100pt，单击【两端对齐，末行左对齐】按钮，设置段落格式。在【避头尾集】下拉列表中选择【严格】选项。

（3）使用【钢笔工具】绘制"[ ]"符号，放置在段落文字两边作为装饰。

项目记录：

_____

_____

_____

_____

_____

3. 图文混排

在海报设计中，通常需要制作特殊效果的文字和段落。我们可以选择将文本转换成图形并利用图文混排的方法来完成。

（1）选中"珍惜粮食"4个文字，右击，在弹出的快捷菜单中选择【创建轮廓】命令或者按 Ctrl+Shift+O 组合键将文本转换为普通路径。使用【直接选择工具】调整文字的不同锚点，使其出现特殊效果。

（2）选择素材中的"剪贴画"图片，将其放在段落文字下方。此时，图片的叠放层次出现问题。选择图片，按 Ctrl+] 组合键调整图片的叠放层次，向上移一层，将其放在背景图片和段落文字层次之间。

（3）打开【透明度】面板，设置混合模式为【正片叠底】。

（4）框选所有元素，右击，在弹出的快捷菜单中选择【编组】命令，公益海报制作完成。

项目记录：

_____

_____

_____

_____

_____

_____

4. 低碳生活公益海报

通过【文本工具】【圆角矩形工具】等制作公益海报。使用【文字工具】输入基本信息。

（1）按 Ctrl+N 组合键，在弹出的对话框中将【宽度】、【高度】分别设置为 600mm、900mm，将【分辨率】设置为 72 像素 / 英寸，将【颜色模式】设置为【RGB 颜色】，单击【创建】按钮。

（2）使用【选择工具】将素材图片放置在合适的位置上。

（3）使用【文字工具】输入"低碳生活"4个文字，设置合适的字体和字号，复制一份，使用【粉笔和炭笔】调整底层效果。继续使用【文字工具】输入"共建""Low-carbon Life"，设置合适的字体和字号，并放在合适的位置。

（4）使用【圆角矩形工具】绘制圆角矩形，输入文本。

（5）使用【文字工具】输入段落文字，并调整段落文字的格式。

项目记录：

_____

_____

_____

_____

_____

_____

单项选择题

1. 在 Illustrator 中，一共提供了（　　）种文字工具。

　A.4　　　　　　　B.5　　　　　　　C.6　　　　　　　D.7

2. 使用路径文字工具时，应在何种路径上操作？（　　）

　A. 必须是闭合路径

　B. 必须是开放路径

　C. 可以是开放路径，也可以是闭合路径

　D. 可以是开放路径，也可以是闭合路径，但填充色必须是无色

3. 以下关于文本绕图操作的描述，不正确的是（　　）。

　A. 可以对段落文字中的部分文字实施文本绕图操作

　B. 执行【文字】-【文本绕图】-【建立】命令，可以实现文本绕图操作

　C. 要实现文本绕图，此时的"图"应位于段落文字的上层

　D. 执行文本绕图时，可以设置与文字的位移距离

4. 如果希望文字可以像矢量对象一样被编辑和修改，可将文字转换为对象。下面关于文字转换为对象的相关内容的描述，不正确的是（　　）。

　A. 中文文字只有 TrueType 字体才能转换为对象

　B. 文字转换为对象后，还可以转回文字

　C. 如果要给文字填充渐变色，必须将文字转换为对象

　D. 英文的 TrueType 和 PostScdPt 字体都可转换为对象

参考答案：1. C　　　2. C　　　3. A　　　4. B

项目四 🎬 图形创意设计——路径的基本操作

项目导读：

　　路径作为 Illustrator 软件中构成图形的基础，任何复杂的图形都是由路径绘制而成的。本项目主要学习路径的绘制、编辑路径、画笔工具、建立并修改画笔路径和自定义画笔，通过对路径的学习完成图形创意设计。

>>>>>>

4.1　路径的绘制

　　（1）新建文档。

　　启动 Illustrator 软件后，执行【文件】-【新建】命令，弹出【新建文档】对话框，输入文档名称"图形创意设计"，设置画板大小，【宽度】为 300mm，【高度】为 100mm，【取向】为横向，其他选项为默认设置，单击【确定】按钮，进入到 Illustrator 的工作界面，这时就可以开始设计工作了，如图 4-1 所示。

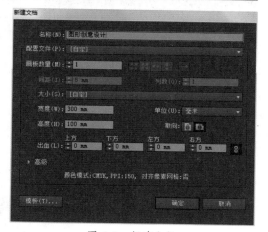

图 4-1　新建文档

　　（2）选择【圆角矩形工具】，单击文档空白处，弹出【圆角矩形】对话框，设置【宽度】为 60mm，【高度】为 60mm，【圆角半径】为 10mm，单击【确定】按钮，设置填充色为 #0086FF，如图 4-2 和图 4-3 所示。

　　（3）选择【钢笔工具】，设置描边颜色为 FC0000，用钢笔工具绘制轮廓线，如图 4-4 所示。

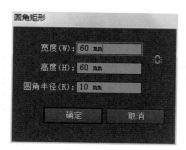

图 4-2　【圆角矩形】对话框

图 4-3　创建圆角矩形

图 4-4　绘制轮廓线

（4）选中新绘制的路径后，单击【互换填色和描边】按钮，选中图形并单击鼠标右键，在弹出的快捷菜单中选择【变化】-【对称】命令，在弹出的对话框中设置【轴】为【垂直】，单击【复制】按钮，如图 4-5 和图 4-6 所示。

（5）选择【选择工具】，按住 Shift 键调整复制后的图形位置，并填充颜色为#FCB4B4，如图 4-7 所示。

图 4-5　【镜像】对话框　　　　　图 4-6　对称效果　　　图 4-7　调整图形位置

提示： 选中图形进行移动时，为防止图形偏移，可按住 Shift 键；按住 Alt 键，当【选择工具】变成双箭头时可进行复制。

（6）选择【钢笔工具】，设置描边颜色为白色，绘制不规则锯齿线，如图 4-8 所示。

图 4-8　绘制锯齿线

提示： 在使用【钢笔工具】绘制锯齿线时，为防止路径偏移，可以先执行【视图】-【标尺】命令，在上方标尺处单击鼠标左键并向下进行拖动，即可根据绘图需要调出参考线。清除参考线只需选择【选择工具】，单击参考线，按 Delete 键即可删除。

路径的概念

路径是指由各种绘图工具所创建的直线、曲线或者几何形状对象，它是组成所有图形和线条的基本元素。路径由一个或多个路径组件，即由锚点连接起来的一条或多条线段的集合构成。路径与锚点是矢量绘图软件中最基本的组成元素，可根据个人需要自由绘制，然后通过直接选择工具可对各个锚点或者路径进行编辑，如图4-9所示。

图 4-9　路径组成

开放路径和闭合路径

在软件中，路径可分为开放路径和闭合路径两种，开放路径的两个端点是没有连在一起的；而闭合路径是起点和终点连接在一起的。理论上路径没有宽度和颜色，当它被放大时，不会出现锯齿现象；当对路径添加轮廓线后，它才具有宽度和颜色。默认状态下，路径显示为黑色的细轮廓，这样操作者可以清楚地观察所创建的路径。

控制柄和控制点的位置决定曲线段的长度和形状。调整控制柄将改变路径中曲线段的形状。通过改变控制点的角度及其与节点之间的距离，可以控制曲线段的曲率。

锚点：锚点是路径上的某个点，用来标记路径段的端点。通过对锚点的调节，可以改变路径段的方向。当一个路径处于被选中状态时，它会显示出所有的锚点。

线段：线段是指一个路径上两锚点之间的部分。

端点：所有的路径段都以锚点开始和结束，整个路径开始和结束的锚点，叫作路径的端点。

控制柄：在一个曲线路径上，每个选中的锚点都显示一个或两个控制柄，控制柄总是与曲线上锚点所在的圆相切。每一个控制柄的角度决定了曲线的曲率，而每一个控制柄的长度将决定曲线弯曲的高度和深度。

控制点：控制柄的端点称为控制点，处于曲线段中间的锚点有两个控制点，而路径的末端点只有一个控制点，控制点可以决定线段在经过锚点时的曲率。

复合路径

复合路径就是将两个或多个开放或闭合路径进行重叠组合后的路径。将对象定义为复合路径后，复合路径中的所有对象都将应用堆叠顺序中最后对象的颜色和属性。选中两个以上的对象并右击，在弹出的快捷菜单中选择【建立复合路径】命令，即可创建复合路径。复合路径包含两个或多个已填充颜色的路径，因此在路径重叠处将呈现镂空透明状态。

钢笔工具组

钢笔工具是 Illustrator 中非常重要的一个工具，使用钢笔工具可以绘制直线、曲线和任意形状的路径。在绘制路径时，还可以借助钢笔工具组中的相关工具对路径进行精确调整，以达到自己想要的效果。

钢笔工具组中有四个工具，选择【钢笔工具】可以绘制路径；选择【添加锚点工具】可以在路径上添加锚点；选择【删除锚点工具】可以删除锚点；选择【转换锚点工具】可使平滑点和角点相互转换，如图 4-10 所示。

图 4-10　钢笔工具组

【钢笔工具】是一款非常实用的矢量绘图工具，用于路径和图形的绘制。使用【钢笔工具】绘图的方法是通过控制锚点的位置来绘制直线或曲线路径。在绘制完路径后可以选中锚点，并在【钢笔工具】属性栏中对锚点进行编辑，如图 4-11 所示。

图 4-11　【钢笔工具】属性栏

【添加锚点工具】：在所选路径上单击可添加锚点，从而增强对路径形态的控制。选择工具箱中的【添加锚点工具】，将光标移动至路径上方，当光标变成符号时，就可以单击鼠标为路径添加锚点了。可多次添加锚点。

【删除锚点工具】：在已有的锚点上单击即可删除该锚点，随着锚点的删除，路径的形态也会发生相应的变化。选择【删除锚点工具】，将光标移动到想要删除的锚点上，当光标变成符号时，就可以单击鼠标删除锚点了。

【转换锚点工具】：可用于平滑点和角点的相互转换，在平滑点上单击可将平滑点转换为尖角的角点；在角点上单击并拖动，可将角点转换为平滑点。选择工具箱中的【转换锚点工具】，将光标移动至角点上，然后单击并拖动，角点将被转换为平滑点。

绘制直线

选择工具箱中的【钢笔工具】或者按快捷键 P，在绘图区域内单击即可创建第一个锚点，如图 4-12 所示。

释放鼠标左键，移动鼠标到合适位置，再次单击鼠标左键即可创建第二个锚点，这时两个锚点之间形成了一条路径。如果想绘制一条直线，可在创建第二个锚点的同时按住 Shift 键。按住 Shift 键可以绘制水平、垂直或以 45°角为增量的直线，如图 4-13 所示。

图 4-12　创建锚点　　　图 4-13　绘制直线

绘制曲线

选择【钢笔工具】，按住鼠标左键并拖动，可绘制带有弧度的曲线路径，此时的锚点为平滑点，单击中间的锚点后，可绘制下一条路径，拉长锚点可以调整曲线的角度。如果需要将平滑点转换为角点，可以使用【转换锚点工具】，单击锚点即可将平滑点转换为角点。如果要结束一段开放式路径的绘制，可以按住 Ctrl 键并在文档的空白处单击，然后选择工具箱中的其他工具，或者直接按 Enter 键即可结束当前开放路径的绘制，如图 4-14 所示。

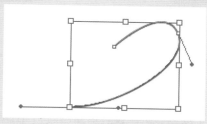

图 4-14　绘制曲线路径

4.2　路径的编辑

（1）在文档右侧继续绘制图形，选择【圆角矩形工具】，单击文档空白处，弹出【圆角矩形】对话框，设置【宽度】为 60mm，【高度】为 60mm，【圆角半径】为 10mm，单击【确定】按钮，设置填充色为 #0618F9，如图 4-15 所示。

（2）使用【椭圆工具】绘制椭圆形，并设置其颜色为白色，无描边，如图 4-16 所示。

图 4-15　绘制圆角矩形

图 4-16　绘制椭圆形

（3）使用【椭圆工具】绘制椭圆形眼睛的轮廓，设置填充色为白色，描边为 2pt，如图 4-17 所示。

（4）使用【椭圆工具】绘制黑眼珠，按住 Shift 键绘制正圆，设置填充颜色为黑色。使用【钢笔工具】按住 Shift 键绘制黑色直线，绘制完成后，使用【整形工具】调整直线的弧度，如图 4-18 所示。

图 4-17　绘制眼睛

图 4-18　绘制眼珠

提示: 在使用【整形工具】时,可与【直接选择工具】搭配使用,使弧度更加完美。

（5）使用【椭圆工具】绘制鼻头,设置填充色为 #E61E19,描边为 2pt 黑色,绘制正圆形并填充白色作为鼻头高光部分,如图 4-19 所示。

（6）使用【直线段工具】绘制胡须,绘制前调整描边端点为圆头,颜色为黑色,如图 4-20 所示。

图 4-19　绘制鼻头

图 4-20　绘制胡须

提示: 在绘制胡须时,可以先绘制左侧胡须,绘制完成后,使用【选择工具】进行框选,按 Ctrl+G 组合键进行群组。完成群组后,单击鼠标右键,在弹出的快捷菜单中选择【变换】-【对称】命令,在弹出的对话框中单击【复制】按钮,最后调整胡须的位置。

（7）选择工具箱中【钢笔工具】,绘制嘴巴部分,设置颜色为黑色,描边宽度为 2pt,如图 4-21 所示。

（8）选择【钢笔工具】或按快捷键 P,绘制下面的路径,设置填充色为白色,描边为无,最终效果如图 4-22 所示。

图 4-21　绘制嘴巴

图 4-22　最终效果图

知识链接：编辑路径

　　当创建一个自由形状的路径时，除了对锚点进行编辑之外，大多数情况下还要使用有关路径编辑命令，来对路径进行相关的调整。

　　延伸或者连接开放路径。当用户需要在原有的开放路径上继续编辑时，可以使用【钢笔工具】来扩展该路径。从工具箱中选择【钢笔工具】，将鼠标指针移动到需要延伸的开放路径的一个端点，这时在【钢笔工具】的右下方会出现"╱"标志，表明当前可以延伸该路径。单击这个端点，该路径就会被激活，使用者就可以对它进行延伸和编辑。

　　如果要将路径连接到另一个开放路径，可将鼠标指针移动到另一个路径的端点，这时【钢笔工具】的右下方就会出现一个未被选择的节点标志，表明当前可以进行路径的连接，单击即可将这两个路径连接。

　　连接路径端点。使用【连接】命令可以将两个开放路径的两个端点连接起来，形成一个闭合路径，它也可以将一个开放路径的端点连接起来。

　　其具体操作步骤如下。

　　如果连接一个开放路径中的两个端点，可先选择该路径，然后执行【对象】-【路径】-【连接】命令，这两个端点就会连接在一起，形成一个闭合路径。

　　如果连接的是两个开放路径的端点，可使用【直接选择工具】选中所要连接的端点，执行【连接】命令，这两个开放路径的两个端点就会连接在一起。

　　简化路径。使用【简化】命令可以减少路径上的节点，并且不会改变路径的形状。选中需要简化的路径，执行【对象】-【路径】-【简化】命令，弹出【简化】对话框。在该对话框中包括两个选项组，即【简化路径】选项组和【选项】选项组，设置后单击【确定】按钮即可。

　　整形工具能够在保留路径一些细节的前提下，通过改变一个或多个节点的位置，或者调整部分路径的形状，改变路径的整体形状。当使用【整形工具】选择一个节点后，它的周围将出现一个小正方形，在调整节点时，如果拖动所选择的节点，则周围的节点会随着拖动有规律地弯曲，而未选择的节点会保持原来的位置不变。使用【整形工具】的具体操作步骤如下。

　　使用【直接选择工具】，将需要进行调整的路径选中或者选中单独的节点。

　　选择【整形工具】，将鼠标指针移动到需要调整的节点或者线段上单击，这时在节点的周围会出现一个小正方形，以此来突出显示该点，按住 Shift 键可以连续选择多个节点，它们都将突出显示。如果单击一个路径段，则在路径上会增加一个突出显示的节点。

　　使用【整形工具】单击节点并向所需要的方向拖动，在拖动的过程中，选中的节点将随着用户的拖动而发生位置和形状的改变，而且各节点之间的距离会自动调整，而未选中的节点将保持原来的位置不变。

　　切割路径时使用【剪刀工具】，可以将一个闭合的路径分为一个或多个开放的路径。首先使用【选择工具】选中需要切割的路径，在工具箱中选择【剪刀工具】，在路径上需要切割的位置单击即可。此时，两个锚点是相互重合的，并且一个锚点处于被选中状态，只需移动锚点位置便可观察到切割后的效果。

　　偏移路径可以在原来轮廓的内部或外部新增轮廓，并和原轮廓保持一定的距离，并且在打开的对话框中可以设置路径的偏移属性。

　　在为路径添加轮廓时，先要选择路径，然后执行【对象】-【路径】-【偏移路径】命令，打开【偏移路径】对话框。

　　在该对话框中，【位移】文本框用来设置路径的偏移数量，以毫米为单位，可以是正值也可以是负值。当在【位移】文本框中输入正值时，将在所选路径的外部产生新的轮廓；当设置为负值时，将在所选路径的内部产生新的路径。若所选择的是开放的路径，则在该路径的周围会形成闭合的路径。【连接】选项用来设置所产生的路径段拐角处的连接方式，该下拉列表框提供了三种连接方式，分别是斜接、圆角和斜角。

　　轮廓化描边是使用【对象】菜单中的【轮廓化描边】命令在路径原有的基础上产生轮廓线，它的轮廓线属性与原路径是相同的。操作时先选择路径，然后执行【对象】-【路径】-【轮廓化描边】命令。

4.3　画笔工具

　　（1）在文档右侧继续绘制图形。选择【圆角矩形工具】，单击文档空白处，弹出【圆角矩形】对话框，设置【宽度】为 60mm，【高度】为 60mm，【圆角半径】为 10mm，单击【确定】按钮，设置填充色为 #62C1BB，如图 4-23 所示。

图 4-23　绘制圆角矩形

（2）选择工具箱中的【钢笔工具】绘制叶子轮廓，颜色任意，然后执行【窗口】-【路径查找器】-【分割】命令，对图形进行上下分割，并为上面部分填充颜色 #72BE6D，下面部分填充颜色 #177D3A。完成单片叶子的绘制后，选中叶子，单击鼠标右键，在弹出的快捷菜单中选择【变换】-【对称】-【复制】命令，并对复制后的叶子调整大小和位置，如图 4-24 和图 4-25 所示。

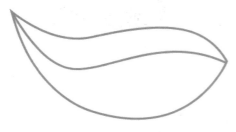

图 4-24　绘制叶子轮廓

图 4-25　填充颜色并复制

（3）选择【窗口】-【画笔】命令，调出【画笔】面板，把绘制好的两片叶子进行群组，然后按住鼠标左键将其拖曳到【画笔】面板中，弹出【新建画笔】对话框，在【选择新画笔类型】中选中【散点画笔】单选按钮，单击【确定】按钮，如图 4-26 和图 4-27 所示。

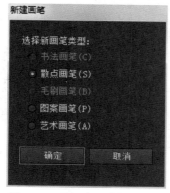

图 4-26　【新建画笔】对话框

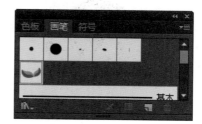

图 4-27　画笔设置成功

（4）选择工具箱中的【画笔工具】，在绘制好的圆角矩形内绘制曲线，并用刚刚设置好的叶子画笔进行描边，如图 4-28 所示。

（5）使用工具箱中的【椭圆工具】按住 Shift 键绘制正圆，并填充颜色为 #E61E21。使用【直线段工具】绘制黑色直线，使用【选择工具】同时选中红色圆形和黑色直线，执行【窗口】-【路径查找器】-【分割】命令，将圆形一分为二，将圆形上半部分填充黑色，如图 4-29 所示。

图 4-28　画笔描边

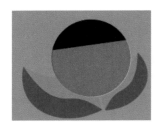

图 4-29　分割图形

（6）使用【椭圆工具】绘制瓢虫身上的斑点及眼睛部分，使用【直线段工具】绘制身体部分，使用【弧线工具】绘制触角部分，如图 4-30 所示。

（7）使用【选择工具】，按住 Alt 键对瓢虫进行复制，按住 Shift 键对复制好的瓢虫进行等比例缩放，并调整好位置，完成创意图形绘制，效果如图 4-31 所示。

图 4-30　绘制瓢虫

图 4-31　效果图

知识链接：画笔工具

画笔工具是绘制各种各样笔触的自由绘画工具。在画笔库中可以找到多种笔触效果。执行【窗口】-【画笔】命令，弹出【画笔】面板，如图 4-32 所示。

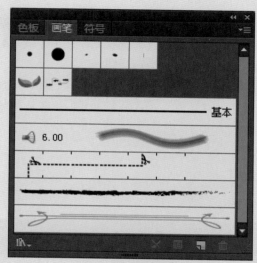

图 4-32　【画笔】面板

预置画笔

双击工具箱中的【画笔工具】，弹出【画笔工具选项】对话框，在该对话框中可以设置相应的参数，使画笔在使用时效果更符合实际应用，如图 4-33 所示。

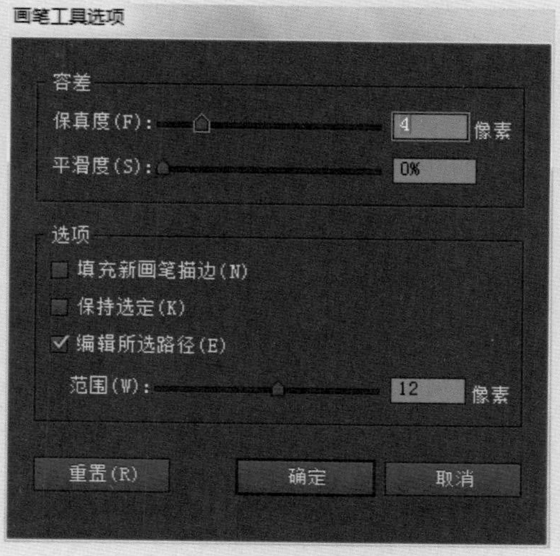

图 4-33　【画笔工具选项】对话框

该对话框中各选项参数的含义如下。

保真度：决定所绘制的路径偏离鼠标轨迹的程度，数值越小，路径中的锚点数越多，绘制的路径越接近光标在页面中的移动轨迹。相反，数值越大，路径中的锚点数越少，绘制的路径与光标的移动轨迹差别也就越大。

平滑度：决定所绘制的路径的平滑程度，数值越小，路径越粗糙；数值越大，路径越平滑。

填充新画笔描边：选中此复选框，绘制路径过程中会自动根据【画笔】面板中设置的画笔来填充路径。若取消选中此复选框，即使在【画笔】面板中进行了填充设置，绘制出来的路径也不会有填充效果。

保持选定：选中此复选框，路径绘制完成后仍保持被选择状态。

编辑所选路径：选中此复选框，用【画笔工具】绘制好路径后，可以像对普通路径一样运用各种工具对其进行编辑。

创建画笔路径

任意选中一种画笔，然后在文档内按住鼠标左键进行拖动，即可绘制出指定的画笔路径，如图 4-34 所示。

图 4-34　画笔路径

画笔类型

【画笔】面板中提供了常见的几种画笔类型，主要包括书法画笔、散点画笔、毛刷画笔、图案画笔和艺术画笔。组合不同，其所呈现的效果也是千变万化的，如图 4-35 所示。

图 4-35　画笔类型

书法画笔：可以沿着路径中心创建出具有书法效果的笔画。

散点画笔：可以创建图案沿着路径分布的效果。

毛刷画笔：使用毛刷画笔可以模拟真实画笔描边，用户可以像使用水彩和油画颜料那样利用矢量的可扩展性和可编辑性来绘制和渲染图稿。在绘制过程中，可以设置毛刷的特征，如大小、长度、厚度和硬度，还可以设置毛刷密度、画笔形状和不透明度。

图案画笔：使用图案画笔可以绘制由图案组成的路径，这种图案沿着路径不断地重复。

艺术画笔：使用艺术画笔可以创建一个对象或轮廓线沿着路径方向均匀展开的效果。

画笔的设置

在画笔选项对话框中，可以重新设置画笔选项的各项参数，从而绘制出更理想的画笔效果。在【画笔】面板中，双击需要重新设置的画笔就可以弹出该画笔的画笔选项对话框，进而对该对话框内的各个参数进行设置，设置完成后，单击【确定】按钮。

● **书法画笔的设置**

双击【书法画笔】，弹出【书法画笔选项】对话框，如图 4-36 所示。

该对话框中各项参数的含义如下。

名称：画笔的名称。

角度：用来设置画笔旋转的角度。

圆度：用来设置画笔的圆滑程度。

● **散点画笔的设置**

双击【散点画笔】，弹出【散点画笔选项】对话框，如图 4-37 所示。

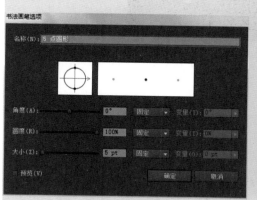

图 4-36　【书法画笔选项】对话框　　　　图 4-37　【散点画笔选项】对话框

该对话框中各项参数的含义如下。

名称：画笔的名称。

大小：用来控制呈点状分布在路径上的对象大小。

间距：用来控制在路径两旁上的对象的空间距离。

分布：用来控制对象在路径两旁与路径的远近程度，数值越大，对象距离路径越远。

旋转：用来控制对象的旋转角度。

旋转相对于：在该下拉列表框中可以选择分布在路径上的对象的旋转方向。【页面】是指相对于页面进行旋转，0°指页面的顶部；【路径】是指相对于路径进行旋转，0°指路径的切线方向。

方法：在该下拉列表框中可以设置路径中对象的着色方式。【无】表示保持对象在控制面板中的颜色。【色调】表示可以对对象重新上色。【淡色和暗色】表示以描边颜色的淡色和暗色显示画笔描边。黑白两色不发生变化，介于这两色之间的颜色可进行混合。【色相转换】表示系统将以关键色显示，可以用下面的【主色】色块设置关键色。

● **图案画笔的设置**

双击【图案画笔】，弹出【图案画笔选项】对话框，如图4-38所示。

图 4-38 【图案画笔选项】对话框

该对话框中各项参数的含义如下。

名称：画笔的名称。

缩放：设置画笔的大小比例。

间距：定义应用于路径的各拼贴之间的间隔值。

翻转：改变画笔路径中对象的方向。

适合：可以选择如何在路径中匹配拼贴图。【伸展以适合】表示加长或缩减图案拼贴图来适应对象，但可能导致拼贴不平整。【添加间距以适合】表示添加图案之间的间隙，使图案适合路径。【近似路径】表示在不改变拼贴图的情况下，将拼贴图案装配到最接近路径。为了保持整个拼贴平整，该选项可能将图案应用于路径向里或向外一点的地方，而不是路径的中间。

● **艺术画笔的设置**

双击【艺术画笔】，弹出【艺术画笔选项】对话框，如图4-39所示。

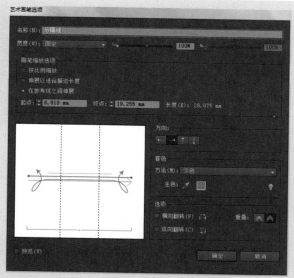

图 4-39　【艺术画笔选项】对话框

该对话框中各项参数的含义如下。

名称：画笔的名称。

宽度：设置画笔的宽度比例。

画笔缩放选项：设置画笔缩放的方式。

方向：设置画笔的终点方向，共有 4 种方向。

选项：设置画笔路径中对象的方向。

自定义画笔

　　除了使用系统内置的画笔外，还可以根据需要创建新的画笔，并可以将其保存到【画笔】面板中，在以后的绘图过程中方便调用。选择用于定义新画笔的对象，然后在【画笔】面板的下方单击【新建画笔】按钮，或者单击面板右上角的■按钮，在弹出的下拉菜单中选择【新建画笔】命令，弹出【新建画笔】对话框。在该对话框中选择好画笔类型，单击【确定】按钮，弹出对应的画笔选项对话框，进行相关的参数设置，完成设置后单击【确定】按钮，即可完成新画笔的创建，如图 4-40 所示。

图 4-40　【新建画笔】对话框

画笔的管理

画笔的显示。在默认状态下，画笔将以缩略图的形式在【画笔】面板中显示，单击【画笔】面板右上角的■按钮，在弹出的下拉菜单中选择【列表视图】命令，画笔将以列表的形式在【画笔】面板中显示。

画笔的复制。在对某种画笔进行编辑前，先将其复制，确保在操作错误的情况下能够恢复。在【画笔】面板中选择需要复制的画笔，然后单击【画笔】面板右上角的■按钮，在弹出的下拉菜单中选择【复制画笔】命令，即可将当前所选择的画笔进行复制。

画笔的删除。在【画笔】面板中选择需要删除的画笔，然后单击【画笔】面板右上角的■按钮，在弹出的下拉菜单中选择【删除画笔】命令，即可将当前所选择的画笔删除。在【画笔】面板中选择需要删除的画笔，单击面板底部的【删除画笔】按钮，也可以在【画笔】面板中将画笔样本删除。

🎬 项目任务单　图形创意设计项目

1.　路径的绘制

（1）新建文档。

启动 Illustrator 软件，执行【文件】-【新建】命令，弹出【新建文档】对话框，输入文档名称"图形创意设计"，设置画板大小，【宽度】为 300mm，【高度】为 100mm，【取向】为横向，其他选项为默认设置，单击【确定】按钮，进入到 Illustrator 的工作界面，这时就可以开始设计工作了。

（2）选择【圆角矩形工具】，单击文档空白处，弹出【圆角矩形】对话框，设置【宽度】为 60mm，【高度】为 60mm，【圆角半径】为 10mm，单击【确定】按钮，设置填充色为 #0086FF。

（3）选择【钢笔工具】，设置描边颜色为 FC0000，用钢笔工具绘制轮廓线。

（4）选中新绘制的路径后，单击【互换填色和描边】按钮，选中图形并单击鼠标右键，在弹出的快捷菜单中选择【变化】-【对称】命令，在弹出的对话框中设置【轴】为【垂直】，单击【复制】按钮。

（5）选择【选择工具】，按住 Shift 键调整复制后的图形位置，并填充颜色为 #FCB4B4。

（6）选择【钢笔工具】，设置描边颜色为白色，绘制不规则锯齿线。

项目记录：

_____

_____

_____

_____

_____

_____

2.　路径的编辑

（1）在文档右侧继续绘制图形，选择【圆角矩形工具】，单击文档空白处，弹出【圆角矩形】对话框，设置【宽度】为 60mm，【高度】为 60mm，【圆角半径】为 10mm，单击【确定】按钮，设置填充色为 #0618F9。

（2）使用【椭圆工具】绘制椭圆形，设置其颜色为白色，无描边。

（3）使用【椭圆工具】绘制椭圆形眼睛轮廓，设置填充色为白色，描边为 2pt。

（4）使用【椭圆工具】绘制黑眼珠，按住 Shift 键绘制正圆，设置填充颜色为黑色。使用【钢笔工具】按住 Shift 键绘制黑色直线，绘制完成后，使用【整形工具】调整直线的弧度。

（5）使用【椭圆工具】绘制鼻头，设置填充色为 #E61E19，描边为 2pt 黑色，绘制正圆形并填充白色作为鼻头高光部分。

（6）使用【直线段工具】绘制胡须，绘制前调整描边端点为圆头，颜色为黑色。

（7）选择工具箱中【钢笔工具】，绘制嘴巴部分，设置颜色为黑色，描边宽度为 2pt。

（8）选择【钢笔工具】或按快捷键 P，绘制下面的路径，设置填充色为白色，描边为无。

项目记录：

_____

_____

_____

_____

_____

3. 画笔工具

（1）在文档右侧继续绘制图形。选择【圆角矩形工具】，单击文档空白处，弹出【圆角矩形】对话框，设置【宽度】为60mm，【高度】为60mm，【圆角半径】为10mm，单击【确定】按钮，设置填充色为#62C1BB。

（2）选择工具箱中的【钢笔工具】绘制叶子轮廓，颜色任意，然后执行【窗口】-【路径查找器】-【分割】命令，对图形进行上下分割，并为上面部分填充颜色#72BE6D，下面部分填充颜色#177D3A。完成单片叶子的绘制后，选中叶子，单击鼠标右键，在弹出的快捷菜单中选择【变换】-【对称】-【复制】命令，并对复制后的叶子调整大小和位置。

（3）选择【窗口】-【画笔】命令，调出【画笔】面板，把绘制好的两片叶子进行群组，然后按住鼠标左键将其拖曳到【画笔】面板中，弹出【新建画笔】对话框，在【选择新画笔类型】中选中【散点画笔】单选按钮，单击【确定】按钮。

（4）选择工具箱中的【画笔工具】，在绘制好的圆角矩形内绘制曲线，并用刚刚设置好的叶子画笔进行描边。

（5）使用工具箱中的【椭圆工具】按住Shift绘制正圆，填充颜色为#E61E21，使用【直线段工具】绘制黑色直线，使用【选择工具】同时选中红色圆形和黑色直线，执行【窗口】-【路径查找器】-【分割】命令，将圆形一分为二，将圆形上半部分填充黑色。

（6）使用【椭圆工具】绘制瓢虫身上的斑点及眼睛部分，使用【直线段工具】绘制瓢虫的身体部分，使用【弧线工具】绘制瓢虫的触角部分。

（7）使用【选择工具】，按住 Alt 键对瓢虫进行复制，按住 Shift 键对复制好的瓢虫进行等比例缩放，并调整好位置，完成创意图形绘制。

项目记录：

_____

_____

_____

_____

_____

_____

🎞 单项选择题

1. 在 Illustrator 中，下列关于路径的表述不正确的是（　　　）。

　　A. 路径是指由各种绘图工具所创建的直线、曲线或者几何形状对象，它是组成
所有图形和线条的基本元素

　　B. 在软件中可将路径分为开放路径和闭合路径两种，开放路径的两个端点是没有
连在一起的；而闭合路径的起点和终点是连接在一起

　　C. 路径是有宽度和颜色的，当它被放大时，也会出现锯齿现象

　　D. 在一个曲线路径上，每个选中的锚点都显示一个或两个控制柄，控制柄总是
与曲线上锚点所在的圆相切，每一个控制柄的角度决定了曲线的曲率，而每一
个控制柄的长度将决定曲线的弯曲的高度和深度

2. 在 Illustrator 中，钢笔工具组共有（　　　）个工具。

　　A. 3

　　B. 4

　　C. 5

　　D. 6

3. 下列关于路径编辑的描述，不正确的是（　　　）。

　　A. 使用【简化】命令可以减少路径上的节点，并且不会改变路径的形状

　　B. 整形工具能够在保留路径的一些细节的前提下，通过改变一个或多个节点的位
置，或者调整部分路径的形状，从而改变路径的整体形状

　　C. 切割路径时使用【切片工具】可以将一个闭合的路径分为一个或多个开放的
路径

　　D. 偏移路径可以在原来轮廓的内部或外部新增轮廓，并和原轮廓保持一定的距离，
并且在打开的对话框中可以设置路径的偏移属性

4. 以下关于【画笔】面板的描述，不正确的是（　　　）。

　　A.【画笔】面板中提供了常见的几种画笔类型，主要包括书法画笔、散点画笔、
毛刷画笔、图案画笔和艺术画笔

　　B.【画笔】面板只能通过自带画笔进行绘制

　　C. 在【画笔】面板中双击【艺术画笔】，可以弹出【艺术画笔选项】对话框

　　D. 画笔工具是绘制各种各样笔触的自由绘画工具。在画笔库中可以找到多种笔
触效果。执行【窗口】-【画笔】命令，弹出【画笔】面板

5. 关于自定义画笔的描述，不正确的是（　　　）。

　　A. 可以根据需要创建新的画笔，并可以将其保存到【画笔】面板中，在以后的
绘图过程中随时调用

　　B. 自定义画笔只能是单一路径

　　C. 选择用于定义新画笔的对象，然后在【画笔】面板的下方单击【新建画笔】按钮，
或者单击面板右上角的█按钮

　　D. 自定义画笔可以是单一路径也可以是复合路径

6. 下列关于路径的描述,不正确的是（　　　）。

　　A. 路径是由锚点连接起来组成的

　　B. 路径可分为开放路径和封闭路径

　　C. 路径粗线可以通过【描边】面板进行改变

　　D. 路径只能填充单色,而不能填充图案和渐变色,也不能使用【画笔】面板中的各种画笔效果

参考答案：1. C　　　2. B　　　3. C　　　4. B　　　5. B　　　6. D

项目五 会员卡设计——基本图形的绘制与编辑

项目导读：

    Illustrator 工具箱为用户提供了多个线形绘图工具和基本图形绘制工具。单击直线段工具将弹出隐藏的线形工具菜单，其中包括直线段工具、弧形工具、螺旋线工具、矩形网格工具和极坐标网格工具五种线形绘图工具。在基本图形工具组中，同样提供了矩形工具、圆角矩形工具、椭圆工具、多边形工具、星形工具和光晕工具六种基本图形工具。利用这些工具既可以绘制出规则线段和图形，也可以通过重新组合绘制出多种多样不规则图形，满足日常设计需要。

5.1 基本图形工具

    （1）执行【文件】-【新建】命令，创建一个新文件，设置【名称】为"会员卡设计"，【画板数量】为2，【间距】为5mm，【列数】为2，【宽度】为90mm，【高度】为50mm，【出血】为2mm，其他数值为默认，如图5-1所示。

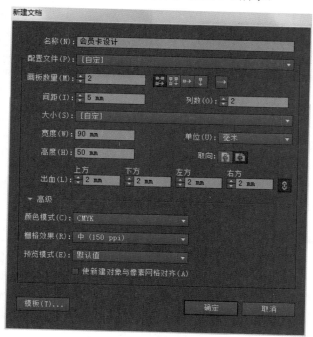

图 5-1　【新建文档】对话框

（2）选择【矩形工具】，在文档空白处单击，在弹出的【矩形】对话框中进行设置，单击【确定】按钮，创建矩形。使用【移动工具】调整矩形与画板对齐，同时保持矩形处于选中状态，在工具箱中双击【填色】按钮，打开【拾色器】对话框，设置颜色为#E19DB0，单击【确定】按钮，关闭对话框，如图5-2和图5-3所示。

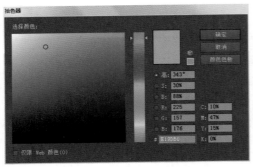

图5-2　【拾色器】对话框

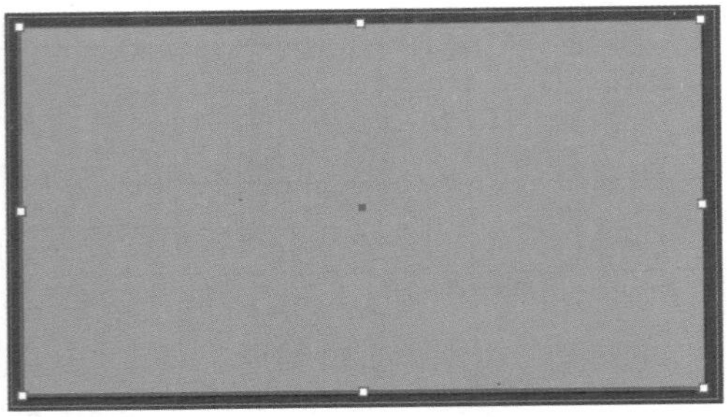

图5-3　填充底色

（3）在【图层】面板中，单击眼睛图标右侧的空白方框，将矩形锁定，方便后面图形的绘制，如图5-4所示。

（4）选择【椭圆工具】，绘制青蛙脸部轮廓，并填充颜色为B3D8A7，同时默认黑色描边，如图5-5所示。

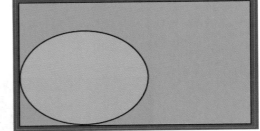

图5-4　锁定图层

图5-5　绘制青蛙脸部轮廓

（5）绘制青蛙眼睛。在绘制青蛙眼睛时，填充色和描边色均为默认颜色，即填充色为白色，描边色为黑色，如图5-6所示。

（6）绘制青蛙嘴巴。选择【直线段工具】，按住 Shift 键绘制一条黑色直线，保持直线处于选中状态，选择【钢笔工具】，在直线中点位置添加锚点，如图5-7所示。

（7）选择【直接选择工具】，将添加的锚点向下拖动，如图5-8所示。

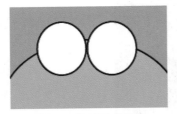

图5-6　绘制眼睛轮廓

图5-7　绘制直线段

图5-8　拖动锚点

（8）单击属性栏中的【将所选锚点转换为平滑】按钮，将青蛙嘴巴变成微笑形状，如图 5-9 和图 5-10 所示。

图 5-9　选择转换按钮

图 5-10　完成嘴巴绘制

> **提示**：如果要绘制精确的直线对象。在所需位置处单击，弹出【直线段工具选项】对话框，在该对话框中可以对直线段的长度和角度进行精确设置。

（9）制作微笑眼神。选择【选择工具】，选中绘制完成的嘴巴，同时按住 Alt 键，进行嘴巴的复制，复制完成后，按住 Shift 键进行等比例缩放，如图 5-11 所示。

（10）保持缩放图形的选中状态，单击鼠标右键，在弹出的快捷菜单中选择【变换】-【旋转】命令，在弹出的对话框中设置旋转角度为 180°。调整线段与图形的关系，完成青蛙的制作，如图 5-12 ～图 5-14 所示。

图 5-11　绘制眼睛

图 5-13　设置旋转角度

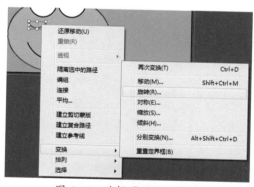

图 5-12　选择【旋转】命令

图 5-14　完成青蛙绘制

知识链接：基本图形工具

在 Illustrator 绘图工具中，单击矩形工具组将弹出隐藏工具菜单，其中包括矩形工具、圆角矩形工具、椭圆工具、多边形工具、星形工具和光晕工具，如图 5-15 所示。

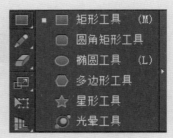

图 5-15　矩形工具组

- 矩形工具：用于绘制矩形和正方形。选择工具组中的矩形工具，在绘图区域内按住鼠标左键进行拖动，然后释放鼠标即可绘制出矩形。如果需要绘制精确的矩形，可以在绘图区域内单击，弹出【矩形】对话框，在弹出的对话框中输入具体数值，然后单击【确定】按钮即可。绘制正方形时，需在按住鼠标左键的同时按住 Shift 键进行绘制，如图 5-16 和图 5-17 所示。

图 5-16　【矩形】对话框

图 5-17　绘制矩形

在绘制矩形时，可配合键盘上的一些快捷键。选择工具箱中的【矩形工具】，移动光标到页面中，然后按住 Alt 键拖动鼠标即可绘制出以中心点向外扩展的矩形，同时按住 Shift 键可以绘制出以中心点向外扩展的正方形。

- 圆角矩形工具：用于绘制圆角矩形和圆角正方形。选择工具组中的【圆角矩形工具】，在绘图区域内按住鼠标左键进行拖动，然后释放鼠标即可绘制出圆角矩形。如果需要绘制精确的圆角矩形，可以在绘图区域内单击，弹出【圆角矩形】对话框，在弹出的对话框中输入具体数值，然后单击【确定】按钮即可。绘制圆角正方形时，需在按住鼠标左键的同时按住 Shift 键进行绘制，如图 5-18 和图 5-19 所示。

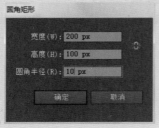

图 5-18　【圆角矩形】对话框

图 5-19　绘制圆角矩形

　　在绘制圆角矩形的过程中，按住向上方向键（↑）或向下方向键（↓），可以改变圆角矩形的半径大小；按住向左方向键（←）则可使圆角变成最小的半径值；按住向右方向键（→）则可使圆角变成最大半径值。在绘制圆角矩形的过程中按住Shift键，可以绘制圆角正方形；按住Alt+Shift组合键，可以绘制以起点为中心的圆角正方形。

- 椭圆工具：用于绘制椭圆和正圆。选择工具组中的【椭圆工具】，在绘图区域内按住鼠标左键进行拖动，然后释放鼠标即可绘制出椭圆。如果需要绘制精确的椭圆，可以在绘图区域内单击，弹出【椭圆】对话框，在弹出的对话框中输入具体数值，然后单击【确定】按钮，即可绘制出精确的椭圆。绘制正圆时，需在按住鼠标左键的同时按住Shift键进行绘制。按住Shift+Alt组合键，可以绘制以起点为中心的正圆形，如图5-20和图5-21所示。

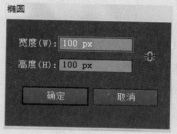

图 5-20　【椭圆】对话框

图 5-21　绘制正圆

- 多边形工具：用于绘制边数大于或等于3的任意边数的图形。选择工具组中的【多边形工具】，在绘图区域内单击，弹出【多边形】对话框，在弹出的对话框中输入半径数值和边数，然后单击【确定】按钮，即可绘制出正多边形。或者按住鼠标左键的同时按住Shift键进行正多边形的绘制，如图5-22和图5-23所示。

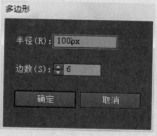

图 5-22　【多边形】对话框

图 5-23　绘制多边形

- 星形工具：用于绘制边数大于或等于3的任意边数的星形。选择工具箱中的【星形工具】，在绘图区域内按住鼠标左键并拖动，绘制完成后，释放鼠标，如图5-24和图5-25所示。

【星形】对话框中各选项的含义如下。

半径1：从星形中心到星形最内侧点（凹处）的距离。

半径 2：从星形中心到星形最外侧点（顶端）的距离。

角点数：定义所绘制星形图形的角点数。

图 5-24　【星形】对话框

图 5-25　绘制星形

- 光晕工具：用于创建具有明亮的中心、光晕和射线及光环的光晕对象。在要创建光晕的大光圈部分的中心位置按住鼠标左键进行拖动，拖动的长度就是放射光的半径。也可以在绘图区域内的另一端单击，即可确定闪光的长度和方向。按住 Shift 键可以约束放射线的角度，按住 Ctrl 键可以改变光晕效果的中心点和光环之间的距离，按住向上方向键（↑）可以增加放射线的数量，按住向下方向键（↓）可以减少放射线的数量，如图 5-26 和图 5-27 所示。

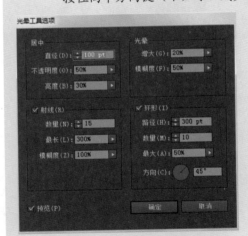

图 5-26　【光晕】对话框

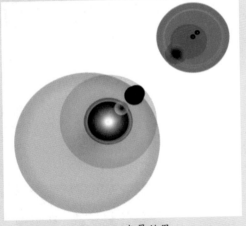

图 5-27　光晕效果

5.2　图形的基本操作

（1）选择【螺旋线工具】，按住鼠标左键进行拖动，绘制会员卡背景花纹，设置颜色为 #7FC7A7，描边为 1pt，描边端点为圆头端点，其余设置为默认，如图 5-28 和图 5-29 所示。

图 5-28　端点设置

（2）选择【铅笔工具】绘制其他装饰线条，设置颜色分别为 #F2EF8B、#C25E9F，描边为 1pt，描边端点为圆头端点，其余设置为默认，如图 5-30 所示。

图 5-29　绘制螺旋线花纹

图 5-30　完成装饰花纹绘制

（3）选择【文字工具】输入文字，设置【文字颜色】为 #FEFEFE，【字体】为【隶书】，【字号】为 13pt，【段落】为【右对齐】，并执行【效果】-【风格化】-【投影】命令，为文字添加阴影效果，完成会员卡的正面设计，效果如图 5-31 所示。

图 5-31　会员卡正面效果图

知识链接：手绘图形工具

在 Illustrator 中，还提供了一些手绘图形工具，单击铅笔工具组将弹出隐藏的工具菜单，包括铅笔工具、平滑工具、路径橡皮擦工具，如图 5-32 所示。

图 5-32　铅笔工具组

【铅笔工具】用于绘制开放路径和闭合路径，就像用铅笔画画一样，可以快速绘制图形。【平滑工具】可以对路径进行平滑处理，而且尽可能地保持路径的原始形态。【路径橡皮擦工具】用来清除路径或画笔的一部分。

● 铅笔工具：如果需要绘制一条封闭的路径，可在选中该工具后，按住 Alt 键，直到绘制完成。双击【铅笔工具】按钮，可打开【铅笔工具选项】对话框，如图 5-33 所示。

该对话框中主要选项的含义如下。

保真度：控制曲线偏离鼠标原始轨迹的程度，数值越小，得到的曲线的棱角就越多；数值越大，曲线越平滑，也就越接近鼠标的原始轨迹。

平滑度：设置【铅笔工具】使用时的平滑程度，数值越大，路径越平滑。

保持选定：选中该复选框，可以在绘制路径之后仍然保持路径处于被选中的状态。

编辑所选路径：选中该复选框，可以对选择的路径进行编辑。

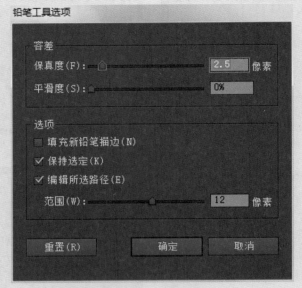

图 5-33　【铅笔工具选项】对话框

- 平滑工具：在使用时，要保证处理的路径处于被选中状态，然后在工具箱中选择该工具，在路径上平滑区域内拖动。
- 路径橡皮擦工具：在使用时，要保证处理的路径处于被选中状态，然后在工具箱中选择该工具，清除路径或画笔的一部分。

5.3 线形绘图工具

（1）绘制会员卡背面。选择【文字工具】输入文字，设置【文字颜色】为#FEFEFE，【字体】为【隶书】，【字号】为13pt，如图5-34所示。

嗨嗨蛙儿童俱乐部体验次卡

图 5-34　输入文字

（2）选择工具箱中的【矩形网格工具】，单击空白处，弹出【矩形网格工具选项】对话框，设置【宽度】为80mm，【高度】为30mm，水平分隔线数量为4，垂直分隔线数量为6，单击【确定】按钮。选择【选择工具】，选中文字和矩形网格部分，执行【窗口】-【对齐】命令或者按Shift+F7组合键，打开【对齐】面板，执行水平居中命令，如图5-35和图5-36所示。

（3）使用【文字工具】输入其他文字内容，使用【直线段工具】绘制直线，完成会员卡背面的设计，如图5-37所示。

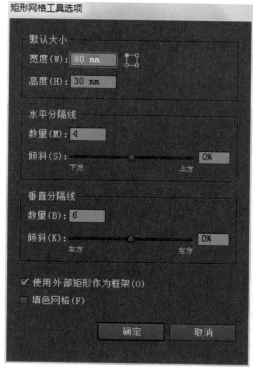

图 5-35　【矩形网格工具选项】对话框

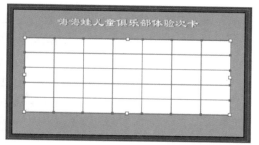

图 5-36　绘制网格

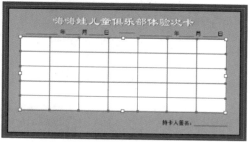

图 5-37　会员卡背面效果图

知识链接：直线段工具组

直线段工具组主要包括直线段工具、弧形工具、螺旋线工具、矩形网格工具、极坐标网格工具。使用这些工具可以创建出由线段组成的各种图形，如图 5-38 所示。

图 5-38　直线段工具组

- 直线段工具：用于绘制各种方向的直线。选择工具箱中的【直线段工具】，在画板中需要创建直线的位置单击并按住鼠标左键进行拖动，释放鼠标即可绘制一条直线。如果要绘制精确的直线对象，在所需位置单击，弹出【直线段工具选项】对话框。在该对话框中可对直线段的长度和角度进行精确设置，如图 5-39 所示。

● 弧形工具：用于绘制任意弧度的弧形，也可绘制精确弧度的弧形对象。选择工具箱中的【弧形工具】，按住鼠标左键在画面中拖动即可绘制一条弧线。如果在绘制过程中需要调整弧形的弧度，可通过键盘上的"↑"键和"↓"键进行调整。如果要绘制精确的弧形对象，只需单击绘图区，在弹出的【弧线段工具选项】对话框中对弧线段的参数进行精确设置即可，如图5-40所示。

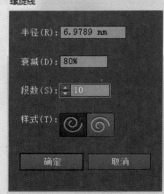

图 5-39 【直线段工具选项】对话框   图 5-40 【弧线段工具选项】对话框

【弧线段工具选项】对话框中主要选项的含义如下。

类型：用于设置绘制的弧线对象是开放的还是闭合的。

基线轴：用于设置绘制的弧线对象的基线轴为 X 轴还是 Y 轴。

● 螺旋线工具：用于绘制各种螺旋形状的线条。单击工具箱中的【螺旋线工具】，在画面中按住鼠标左键拖动即可绘制一段螺旋线。单击绘图区，在弹出的【螺旋线】对话框中对所要绘制的螺旋线半径、衰减等参数进行精确设置，单击【确定】按钮即可绘制一条精确的螺旋线，如图5-41所示。

图 5-41 【螺旋线】对话框

【螺旋线】对话框中主要选项的含义如下。

半径：可以定义涡形中最外侧点到中心点的距离。

衰减：可以定义每个旋转圈相对于前面的圈减少的量。

段数：可以定义段数，即螺旋圈由多少段组成。

样式：可以选择逆时针或顺时针来指定螺旋形的旋转方向。

● 矩形网格工具：用于绘制带有网格的矩形。在绘图区按住鼠标左键，沿对角线方向拖动，释放鼠标后矩形网格即可绘制完成。如果想制作精确的矩形网格，可以在需要绘制矩形网格的一个角点位置单击，在弹出的【矩形网格工具选项】对话框中对矩形网格的各项参数进行设置，如图5-42所示。

【矩形网格工具选项】对话框中主要选项的含义如下。

宽度：设置矩形网格的宽度。

高度：设置矩形网格的高度。

水平分隔线：用于设置矩形网格中水平网格线的数量。

倾斜：用于设置水平网格的倾向。

垂直分隔线：用于设置矩形网格中垂直网格线的数量。

倾斜：用于设置垂直网格的倾向。

- 极坐标网格工具：用于绘制同心圆并且按指定的参数确定放射线段。选择【极坐标网格工具】，在绘图区按住 Shift+Alt 组合键并拖动鼠标，绘制正圆，释放鼠标后极坐标网格即可绘制完成。选择【极坐标网格工具】，在绘图区单击，弹出【极坐标网格工具选项】对话框。在该对话框中可对极坐标网格的参数进行精确设置，如图 5-43 所示。

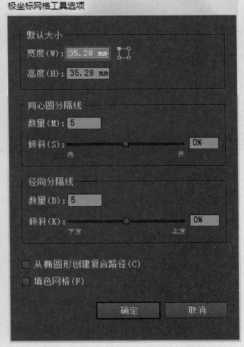

图 5-42　【矩形网格工具选项】对话框　　　图 5-43　【极坐标网格工具选项】对话框

【极坐标网格工具选项】对话框中主要选项的含义如下。

宽度：设置极坐标网格图形的宽度。

高度：设置极坐标网格图形的高度。

同心圆分隔线：【数量】用于设置极坐标网格图形中同心圆的数量；【倾斜】用于设置极坐标网格图形的排列倾斜。

径向分隔线：【数量】用于设置极坐标网格图形中射线的数量；【倾斜】用于设置极坐标按网格图形倾向排列。

5.4 图形编辑

（1）新建文件。执行【文件】-【新建】命令，设置【宽度】为 10mm，【高度】为 10mm，其他数值默认，单击【确定】按钮，如图 5-44 所示。

（2）选择【螺旋线工具】，在弹出的对话框中设置参数，单击【确定】按钮，如图 5-45 所示。

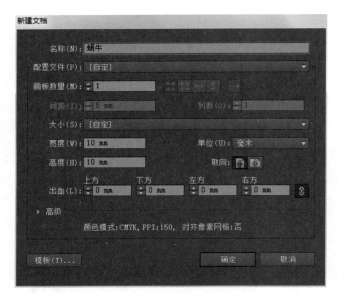

图 5-44 新建文档

图 5-45 【螺旋线】对话框

（3）绘制完成螺旋线后，调整其颜色参数为 #E83D17，使用【选择工具】调整螺旋线角度，如图 5-46 所示。

（4）选择【宽度工具】，分别单击螺旋线起点和终点进行调整，得出有粗细变化的蜗牛壳轮廓线，如图 5-47 所示。

图 5-46 调整螺旋线角度

图 5-47 蜗牛壳轮廓线

（5）选择【钢笔工具】，绘制蜗牛身体部分，使用【弧线段工具】和【椭圆工具】绘制蜗牛的眼睛，效果如图5-48所示。

图 5-48　蜗牛效果图

知识链接：宽度工具组

宽度工具组中的工具主要是对路径图形进行变形操作，可使这些路径图形产生变形、扭曲、膨胀、晶格化等效果，从而使图形的变化更加多样化，如图5-49所示。

图 5-49　宽度工具组

● 宽度工具：用于调整路径上描边的宽度。它可在曲线上的任意点添加锚点，单击拖动锚点即可更改曲线的宽度，释放鼠标得到路径变宽效果，同样在改变路径宽度时也可将路径变窄，可根据个人需要进行调整，如图5-50所示。

图 5-50　宽度工具操作效果

● 变形工具：可以使矢量对象按照鼠标指针移动的方向产生自然的变形效果。选中需要调整的对象，然后选择工具箱中的【变形工具】或按 Shift+R 组合键，接着在图形上按住鼠标左键进行拖动，鼠标指针经过的图形发生了相应的变化，如图 5-51 所示。

图 5-51　变形工具操作效果

双击【变形工具】，弹出【变形工具选项】对话框，对变形工具笔尖的宽度、高度、角度和强度进行设置，如图 5-52 所示。

该对话框中主要选项的含义如下。

宽度/高度：用于设置笔刷的大小。

角度：用于设置笔刷的角度。

强度：用于设置笔刷的强度。

细节：用于控制对变形细节的处理，数值越大处理结果越细腻，数值越小处理结果越粗糙。

简化：变形过程中产生了大量节点，可按照此处的设定对节点进行简化，以降低对象的复杂程度。

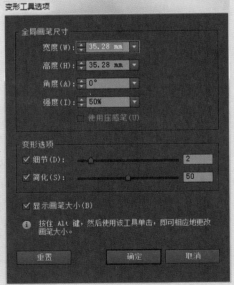

图 5-52　【变形工具选项】对话框

● 旋转扭曲工具：可以对矢量对象产生旋转的扭曲变形效果。正常情况下使用旋转扭曲工具进行扭曲的效果为逆时针扭曲。如果要更改扭曲旋转的方向，可以双击该工具图标，弹出【旋转扭曲工具选项】对话框，将【旋转扭曲速率】设置为负值，即可使逆时针扭曲效果变为顺时针扭曲效果，如图 5-53 所示。

- 缩拢工具：使用时可以对图形产生向内收缩的变形效果。在图形上按住鼠标左键，即可发生收缩变形效果，按住的时间越长，收缩变形的程度越强，如图 5-54 所示。

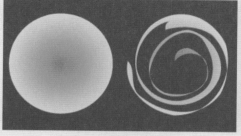

图 5-53　旋转扭曲操作效果　　　　　图 5-54　缩拢工具操作效果

- 膨胀工具：使用时可以对图形产生向外膨胀的变形效果。在图形上按住鼠标左键，即可发生向外膨胀变形效果，按住的时间越长，向外膨胀变形的程度越强，如图 5-55 所示。
- 扇贝工具：用于对图形产生细小的锯齿变形效果。在图形上按住鼠标左键，即可发生扇贝变形效果，按住的时间越长，变形的程度越强，如图 5-56 所示。

图 5-55　膨胀工具操作效果　　　　　图 5-56　扇贝工具操作效果

- 晶格化工具：使用时可以对矢量对象产生推拉延伸的变形效果，如图 5-57 所示。
- 皱褶工具：使用时可以对矢量对象的边缘处产生皱褶变形效果，如图 5-58 所示。

图 5-57　晶格化工具操作效果　　　　　图 5-58　褶皱工具操作效果

🎬 项目任务单　会员卡设计项目

1.　基本图形工具

（1）执行【文件】-【新建】命令，创建一个新文件，设置【名称】为"会员卡设计"，【画板数量】为2，【间距】为5mm，【列数】为2，【宽度】为90mm，【高度】为50mm，【出血】为2mm。

（2）选择【矩形工具】，在文档空白处单击，在弹出的【矩形】对话框中进行设置，单击【确定】按钮，创建矩形。使用【移动工具】调整矩形与画板对齐，同时保持矩形处于被选中状态，在工具箱中双击【填色】按钮，打开【拾色器】对话框，设置颜色为#E19DB0，单击【确定】按钮，关闭对话框。

（3）在【图层】面板中，单击眼睛图标右侧的空白方框，将矩形锁定，方便后面图形的绘制。

（4）选择【椭圆工具】，绘制青蛙脸部轮廓，并填充颜色为B3D8A7，同时默认黑色描边。

（5）绘制青蛙眼睛。在绘制青蛙眼睛时，填充色和描边色均为默认颜色，即填充色为白色，描边色为黑色。

（6）绘制青蛙嘴巴。选择【直线段工具】，按住 Shift 键绘制一条黑色直线，保持直线处于选中状态，选择【钢笔工具】，在直线中点位置添加锚点。

（7）选择【直接选择工具】，将添加的锚点向下进行拖动。

（8）单击属性栏中的【将所选锚点转换为平滑】按钮，将青蛙嘴巴变成微笑形状。

（9）制作微笑眼神。选择【选择工具】，选中绘制完成的嘴巴，同时按住 Alt 键，进行嘴巴的复制，复制完成后，按住 Shift 键进行等比例缩放。

（10）保持缩放图形的选中状态，单击鼠标右键，在弹出的快捷菜单中选择【变换】-【旋转】命令，在弹出的对话框中设置旋转角度为180°。调整线段与图形的关系，完成青蛙的制作。

项目记录：

_____

_____

_____

_____

_____

_____

2.　图形的基本操作

（1）选择【螺旋线工具】，按住鼠标左键进行拖动，绘制会员卡背景花纹，设置颜色为#7FC7A7，描边为1pt，描边端点为圆头端点，其余设置为默认。

（2）选择【铅笔工具】绘制其他装饰线条，设置颜色分别为#F2EF8B、#C25E9F，描边为1pt，描边端点为圆头端点，其余设置为默认。

（3）选择【文字工具】输入文字，设置【文字颜色】为#FEFEFE，【字体】为【隶书】，【字号】为13pt，【段落】为【右对齐】，并执行【效果】-【风格化】-【投影】命令，为文字添加阴影效果，完成会员卡的正面设计。

项目记录：

_____

_____

_____

_____

_____

_____

3.　线形绘图工具

（1）绘制会员卡背面。选择【文字工具】输入文字，设置【文字颜色】为#FEFEFE，【字体】为【隶书】，【字号】为13pt。

（2）选择工具箱中的【矩形网格工具】，单击空白处，弹出【矩形网格工具选项】对话框，设置【宽度】为80mm，【高度】为30mm，水平分隔线数量为4，垂直分隔线数量为6，选择【确定】按钮。单击【选择工具】，选中文字和矩形网格部分，执行【窗口】-【对齐】命令或者按Shift+F7组合键，打开【对齐】面板，执行水平居中命令。

（3）使用【文字工具】输入其他文字内容，使用【直线段工具】绘制直线，完成会员卡背面的设计。

项目记录:

_____

_____

_____

_____

_____

_____

4. 图形编辑

（1）新建文件。执行【文件】-【新建】命令，设置【宽度】为10mm，【高度】为10mm，其他数值保持默认，单击【确定】按钮。

（2）选择【螺旋线工具】，在弹出的对话框中设置参数，单击【确定】按钮。

（3）绘制完成螺旋线后，调整其颜色参数为#E83D17，使用【选择工具】调整螺旋线角度。

（4）选择【宽度工具】，分别单击螺旋线起点和终点进行调整，得出有粗细变化的蜗牛壳轮廓线。

（5）选择【钢笔工具】，绘制蜗牛身体部分，使用【弧线段工具】和【椭圆工具】绘制蜗牛的眼睛。

项目记录:

_____

_____

_____

_____

_____

_____

单项选择题

1. 在 Illustrator 绘图工具中，单击矩形工具组将弹出隐藏工具菜单，其中包括（　　）。

A. 矩形工具、圆角矩形工具、椭圆工具、多边形工具和光晕工具

B. 矩形工具、圆角矩形工具、椭圆工具、多边形工具和星形工具

C. 矩形工具、圆角矩形工具、椭圆工具、多边形工具、星形工具和光晕工具

D. 矩形工具、圆角矩形工具、不规则图形工具、多边形工具、星形工具和光晕工具

2. 【铅笔工具】不论是绘制开放的路径还是封闭的路径，都像在纸上画画一样，方便快捷。如果需要绘制一条封闭的路径，可在选中该工具后，按住（　　）键，直至绘制完成。

A. Alt   B. Shift

C. Ctrl   D. Q

3. 下列关于【螺旋线工具】的描述，正确的是（　　）。

A. 【螺旋线工具】用于绘制各种螺旋形状的线条。选择工具箱中的【螺旋线工具】，在画面中按住鼠标左键拖动即可绘制一段螺旋线。单击绘图区，在弹出的【螺旋线】对话框中对所要绘制的螺旋线半径、衰减等参数进行精确设置，然后单击【确定】按钮即可绘制一条精确的螺旋线

B. 【螺旋线工具】可以绘制各种角度的弧线

C. 螺旋线不可以改变螺旋角度

D. 【螺旋线工具】用于绘制各种螺旋形状的线条。选择工具箱中的【螺旋线工具】，在画面中按住鼠标右键拖动即可绘制一段螺旋线。单击绘图区，在弹出的【螺旋线】对话框中对所要绘制的螺旋线半径、衰减等参数进行精确设置，然后单击【确定】按钮即可绘制一条精确的螺旋线

4. 宽度工具组中的工具主要是对路径图形进行变形操作，可使这些路径图形产生变形、扭曲、膨胀、晶格化等效果，从而使图形的变化更加多样化。宽度工具组包括（　　）工具。

A. 宽度工具、变形工具、旋转扭曲工具、缩拢工具、膨胀工具、晶格化工具、皱褶工具

B. 宽度工具、变形工具、旋转扭曲工具、缩拢工具、膨胀工具、扇贝工具、晶格化工具、皱褶工具

C. 宽度工具、变形工具、旋转扭曲工具、缩拢工具、模糊工具、扇贝工具、晶格化工具、皱褶工具

D. 宽度工具、羽化工具、旋转扭曲工具、缩拢工具、膨胀工具、扇贝工具、晶格化工具、皱褶工具

5. 以下关于工具箱中的工具，描述不正确的是（　　　）。

A.【直线段工具】用于绘制各种方向的直线。选择工具箱中的【直线段工具】，在画板中需要创建直线的位置单击并按住鼠标左键进行拖动，释放鼠标即可绘制一条直线。如果要绘制精确的直线对象，在所需位置单击，弹出【直线段工具选项】对话框。在该对话框中可对直线段的长度和角度进行精确设置

B.【螺旋线工具】用于绘制各种螺旋形状的线条。单击工具箱中的【螺旋线工具】，在画面中按住鼠标右键拖动即可绘制一段螺旋线。单击绘图区，在弹出的【螺旋线】对话框中，对所要绘制的螺旋线半径、衰减等参数进行精确设置，然后单击【确定】按钮即可绘制一条精确的螺旋线

C.【弧形工具】用于绘制任意弧度的弧形，也可绘制精确弧度的弧形对象。选择工具箱中的【弧形工具】，按住鼠标左键在画面中拖动即可绘制一条弧形。如果在绘制过程中需要调整弧形的弧度，可通过键盘上的"↑"键和"↓"键进行调整。如果要绘制精确的弧形对象，只需单击，在弹出的【弧线段工具选项】对话框中对弧线段的参数进行精确设置

D.【矩形网格工具】用于绘制带有网格的矩形。在绘图区按住鼠标左键，沿对角线方向拖动，释放鼠标后矩形网格即可绘制完成。如果想制作精确的矩形网格，可以在需要绘制矩形网格的一个角点位置单击，在弹出的【矩形网格工具选项】对话框中，对矩形网格的各项参数进行设置

参考答案：1.C　　　2.A　　　3.A　　　4.B　　　5.B

项目六 😊 海报设计——图层和蒙版的应用

项目导读：

在 Illustrator 软件中，图层和蒙版有着举足轻重的位置，通过对图层和蒙版的应用，可以对图形、图像、文字等元素进行有效的组合编辑，为创作提供更多的可能性，图层和蒙版在使用过程中是非常灵活的，通过对海报设计的学习，读者能够更加熟练地掌握图层和蒙版的使用方法。

6.1 图层的认识

（1）启动 Illustrator 软件，执行【文件】-【新建】命令，弹出【新建文档】对话框，输入文档名称"海报设计"，设置画板大小，【宽度】为 210mm，【高度】为 285mm，【取向】为【纵向】，【出血】为 3mm，其他选项为默认，然后单击【确定】按钮，进入到 Illustrator 的工作界面，这时就可以开始设计工作了，如图 6-1 所示。

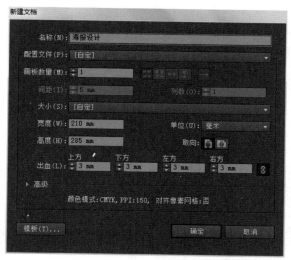

图 6-1 【新建文档】对话框

（2）选择【矩形工具】，单击文档空白处，弹出【矩形工具】对话框，设置【宽度】为 210mm，【高度】为 285mm，与画板对齐，设置填充色为 #B2D5F1，描边为无，如图 6-2 所示。

（3）选择【矩形工具】，绘制矩形海洋，设置颜色为 #22455C，如图 6-3 所示。

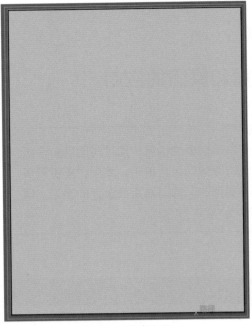

图 6-2　新建文档

图 6-3　绘制矩形海洋

（4）选择工具箱中的【钢笔工具】，绘制不规则岛屿，设置颜色分别为 #915E24、#AA7629、#C68E29，如图 6-4 所示。

（5）选择【椭圆工具】，按住 Shift 键绘制若干个白色正圆，排列成云朵造型后执行【窗口】-【路径查找器】-【联集】命令，如图 6-5 所示。

图 6-4　绘制不规则岛屿

图 6-5　绘制云朵

（6）选择【钢笔工具】和【整形工具】，绘制海面上的小船，设置颜色为 #D31323，如图 6-6 所示。

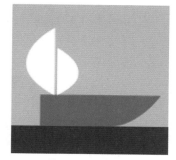

提示：在制作小船船帆时，可以先绘制好一侧，然后选中后单击鼠标右键，在弹出的快捷菜单中选择【变换】-【对称】-【复制】命令，最后按住 Shift 键进行等比例缩放，调整其大小和位置关系。

图 6-6　绘制小船

知识链接：认识图层

在 Illustrator 中新建一个文档后，系统会自动在【图层】面板中生成一个图层。图层是透明的，就好像一张张透明的拷贝纸，在每张拷贝纸上绘制不同的图形，重叠在一起便得到一幅完整的作品，用户可以根据需要来创建图层。当创建图层后，可以使用【图层】面板在不同图层之间进行切换、复制、合并、排序等操作。执行【窗口】-【图层】命令或按快捷键 F7，弹出【图层】面板，如图 6-7 所示。

图 6-7　【图层】面板

利用图层可以很容易地选择、隐藏、锁定及更改作品的外观属性等，并可以创建一个模板图层，以便在描摹作品或者从 Photoshop 中导入图层时使用。

所有这些操作都可以在【图层】面板中进行，在该面板中提供了几乎所有与图层有关的选项，它可以显示当前文件中的所有图层，以及图层中所包含的内容，如路径、群组、封套、复合路径及子图层等。通过对面板中的按钮、面板菜单进行操作，可以完成对图层及图层中所包含对象的设置。

【图层】面板中各选项含义如下。

单击图层名称左侧按钮 ▶，可以展开该图层，在该图层下方将显示出其子图层，如图 6-8 所示。

单击某图层左侧的眼睛图标 👁，若眼睛图标消失，则该图层中的图像将被隐藏；再次单击可以使眼睛图标 👁 显示出来，同时该图层中的图像也将显示出来。

图 6-8　展开图层

图层名称深色显示,表示该图层为当前操作的图层。

单击某图层左侧的锁形图标🔒,若该图标消失,则该图层中的图像将解除锁定;再次单击可以使锁形图标🔒显示出来,同时锁定该图层中的图像。

单击【定位】按钮🔍,可定位选择对象所在的图层。

单击【建立/释放剪切蒙版】按钮◫,可以在当前图层上创建或释放一个蒙版。

单击【创建新子图层】按钮◧,可以在当前图层中新建一个子图层。

单击【创建新图层】按钮◨,可以在当前图层上方新建一个图层。

单击【删除所选图层】按钮🗑,可以将选中的图层删除。

6.2 　编辑图层

(1)使用工具箱中的【矩形工具组】和【直线段工具组】完成地面上工业建筑物的绘制,颜色设置见本项目导出文件,如图6-9所示。

图6-9　绘制工业建筑物

提示: 在为图形填充颜色或者描边时,可以使用【吸管工具】或按快捷键I对导出文件进行颜色吸取,这样可以快速地获取颜色信息,完成填充和描边。

(2)使用【钢笔工具】绘制左右两块不规则图形,设置填充色为#AB9162,描边颜色为白色,虚线设置为2pt,如图6-10所示。

(3)使用【矩形工具组】、【直线段工具组】、【路径查找器】命令等绘制垃圾,如图6-11所示。

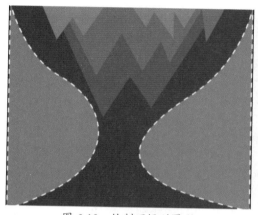
图 6-10　绘制不规则图形

图 6-11　绘制垃圾

（4）使用【文字工具】添加文字，设置【字体】为【黑体】，【字号】为40pt，【上下间距】为55pt，字体颜色为白色，其他设置为默认。执行【效果】-【风格化】-【投影】命令，为文字添加投影效果，使文字更加立体，更有层次感。使用【选择工具】同时选中两组文字，执行【对齐】-【垂直居中对齐】命令，如图 6-12 所示。

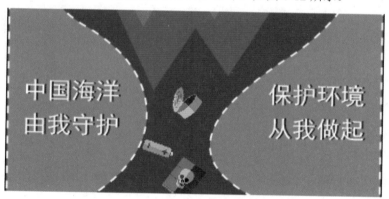
图 6-12　添加文字

提示： 在绘制图形或者输入文字时，为了丰富其效果，可以执行【效果】-【风格化】命令，为其添加内发光、圆角、外发光、投影、涂抹和羽化特效。

（5）调整图形和文字的位置关系，完成海报设计，效果如图 6-13 所示。

图 6-13　海报设计效果图

知识链接：编辑图层

通过【图层】面板可以对图层进行一些编辑，比如创建新的图层、创建子图层、为图层设置选项、合并图层、创建图层模板等。

在需要对文件中的图层进行设置时，单击【图层】面板右上角的三角形按钮，即可弹出一个面板菜单。在该菜单中提供了多个对图层进行操作的命令，用户可执行相应的命令来完成对面板的编辑。

新建图层

默认状态下，在绘图页面上创建的所有对象都存放在一个图层中，用户可以创建一个新图层，并移动这些对象到新图层。

默认情况下，新建文件时会自动创建一个透明的图层，用户可根据需要在文件中创建多个图层，并可在父图层中嵌套多个子图层。由于 Illustrator 会在选定图层的上面创建一个新的图层，所以在新建图层时，首先要选定图层，然后单击面板上的【新建图层】按钮，这时面板中会出现一个空白图层，并且处于被选中状态。这时即可在新图层中创建对象。

如果要设置新创建的图层，可从面板菜单中选择【新建图层】命令，或者按 Alt 键单击【新建图层】按钮，都可打开【图层选项】对话框，如图 6-14 所示。

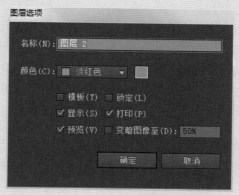

图 6-14　【图层选项】对话框

该对话框中各选项含义如下。

名称：该文本框用于指定在面板中所显示的图层名称。

颜色：为了在页面上区分各个图层，Illustrator 会为每个图层指定一种颜色作为选择框的颜色，并且在面板中的图层名称后也会显示相应的颜色块，该下拉列表框中提供了多种颜色。当选择【自定义】选项时，会打开【颜色】对话框，用户可以从中精确定义图层的颜色，然后单击【确定】按钮，如图 6-15 所示。

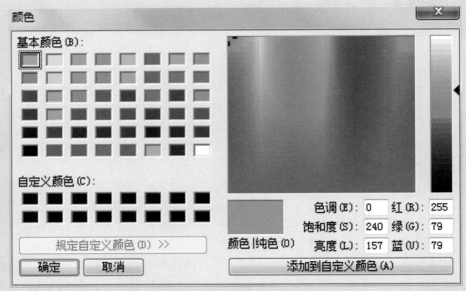

图 6-15 【颜色】对话框

模板：选中该复选框，该图层将被设置为模板，这时不能对该图层中的对象进行编辑，非常适合在描摹图像时使用。

锁定：选中该复选框，新建的图层将处于锁定状态。

显示：该复选框用于设置新建图层中的对象在页面上显示与否，当取消选中该复选框时，对象在页面中是不可见的。

打印：选中该复选框，说明该图层中的对象可以被打印出来。而取消选中该复选框，该图层中所有的对象都不能被打印。

预览：选中该复选框，新绘制的对象将显示完整的外观。

变暗图像至：选中此复选框，可以降低处于该图层中的图形的亮度，用户可在后面的文本框内设置其降低的百分比，默认值为50%。

图层的选择、复制和删除

当选择一个图层时，直接在图层名称上单击，这时该图层会呈高亮显示，并在名称后会出现一个当前图层指示器标志，表明该图层为当前选中的。按住 Shift 键单击相连的第一个和最后一个图层，可选择多个连续的图层；而按住 Ctrl 键逐个单击图层，可选择多个不连续的图层。

在复制图层时，将会复制图层中包含的所有对象，包括路径、编组，以及整个图层。选择所要复制的项目后，可采用下面几种复制方式。

- 从面板菜单中选择【复制】命令。
- 拖动选定项目到面板底部的【新建图层】按钮上。
- 按住 Alt 键，在选定的项目上按住鼠标左键并拖动，当鼠标指针处于一个图层或群组上时释放鼠标，复制的选项将被放置到该图层或编组中；若鼠标指针处于两个项目之间，则会在指定位置添加复制的选项。

删除图层或者其他项目时，会同时删掉图层中包含的对象，如子图层、编组、路径等。操作时先选择图层，然后单击面板上的【删除图层】按钮，或者拖动图层或项目到该按钮上，还可以选择面板菜单中的【删除】命令。

图层的隐藏与显示

在面板中需要隐藏的项目前单击眼睛图标，就会隐藏该图层，再次单击眼睛图标则会重新显示该图层。如果在一个图层的眼睛图标上按住鼠标左键向上或向下拖动，则鼠标指针经过的眼睛图标都会隐藏，这样就可以很方便快捷地隐藏多个图层。选择面板菜单中的【显示所有图层】命令，则会显示当前文件中的所有图层，如图6-16所示。

图6-16　图层的显示与隐藏

锁定图层

当锁定图层后，该图层中的对象就不能再被选择或编辑，利用【图层】面板所提供的【锁定父图层】命令能够快速地锁定多个路径、编组或子图层。

在面板中需要锁定的图层或项目前单击眼睛图标右边的方框，即可锁定该图层项目，再次单击锁定图标就会解除锁定，如图6-17所示。

要锁定多个图层或项目，可拖动鼠标经过眼睛图标右边的方框。在面板中双击图层或项目名称，在打

图6-17　锁定图层

开的【图层选项】对话框中，选中【锁定】复选框，单击【确定】按钮，可锁定当前选中的图层。在面板中锁定所有未选择的图层时，可选择面板菜单中的【锁定其他图层】命令；而选择面板菜单中的【解锁所有图层】命令，可解除所有锁定的图层。

合并图层

当用户编辑好各个图层后，可将这些图层进行合并，或者合并图层中的路径、编组或者子图层。

选中需要合并的两个或两个以上的图层或项目，选择【合并所选图层】命令时，合并所选项目；而选择【拼合图稿】命令时，会将所有可见图层合并为单一的父图层，合并图层时，不会改变对象在页面上的层序。

如果需要将对象合并到一个单独的图层或编组中，可先在面板中选择需要合并的项目，然后选择面板菜单中的【合并图层】命令，则选择的项目会合并到最后一个选择的图层或编组中。

6.3 蒙版的应用

（1）新建文档。启动 Illustrator 软件，执行【文件】-【新建】命令，在弹出的【新建文档】对话框中设置【名称】为"雨后彩虹"，【宽度】为 200mm，【高度】为 150mm，【出血】为 3mm，其他数值保持默认，如图 6-18 所示。

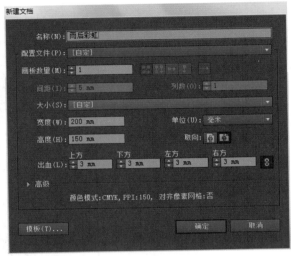

图 6-18　新建文档

（2）选择工具箱中的【矩形工具】绘制矩形，设置填充颜色为 #78C8FF，填充好颜色后使其与文档画板对齐，调整后锁定图层，如图 6-19 所示。

（3）选择工具箱中的【钢笔工具】绘制彩虹，设置颜色填充分别为赤、橙、黄、绿、青、蓝、紫七种颜色，在绘制过程中注意取消描边设置，在调整彩虹弧度时配合工具箱中的【直接选择工具】使用，如图 6-20 所示。

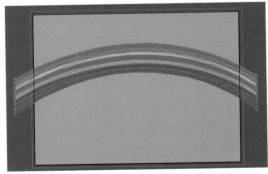

图 6-19　绘制背景　　　　　　　图 6-20　绘制彩虹

（4）选择工具箱中的【螺旋线工具】和【画笔工具】绘制太阳，设置太阳内部颜色为 #E94B18，外部光芒颜色为 #F4D21F，调整其大小及位置关系，如图 6-21 所示。

图 6-21　绘制太阳

（5）使用工具箱中的【弧形工具】，绘制花茎，设置颜色为 #157639，如图 6-22
所示。

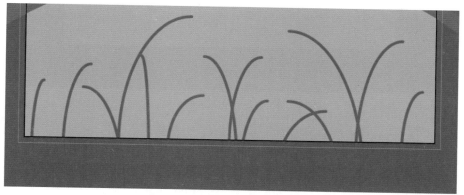

图 6-22　绘制花茎

（6）使用【多边形工具】、【钢笔工具】、【直接选择工具】、【椭圆工具】绘
制小雏菊，设置花瓣填充色为白色，花心填充色为 #CBDB35，如图 6-23 所示。

图 6-23　绘制小雏菊

（7）使用【矩形工具】绘制与文档大小相同的矩形，如图 6-24 所示。

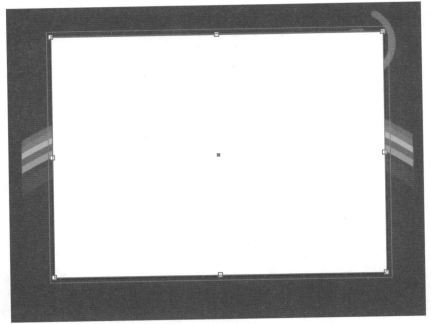

图 6-24　绘制矩形

（8）使用【选择工具】选中所有绘制的图形，在视图中单击鼠标右键，在弹出的快捷菜单中选择【建立剪切蒙版】命令，完成雨后彩虹的绘制，效果如图 6-25 所示。

图 6-25　效果图

　　当用户需要改变图形对象中某个区域的颜色或者需要对该区域单独应用滤镜或其他效果时，使用蒙版可以遮挡其下层图形的部分或全部图形。在 Illustrator 中，无论是单一路径、复合路径，还是群组对象或文本对象都可以用来创建蒙版，创建为蒙版后的对象会自动群组在一起。

　　在创建蒙版时，可以使用【对象】菜单中的命令或者【图层】面板来创建透明的蒙版，也可以使用【透明度】面板来创建半透明的蒙版。

使用剪切蒙版创建透明蒙版

　　将一个对象创建为透明的蒙版后，则该对象的内部变得完全透明，这样就可以显示下面的被蒙版对象，同时可以挡住不需要显示或打印的部分。在创建蒙版时，可以使用【对象】菜单中的【创建蒙版】命令，也可以在【图层】面板中进行设置。

　　执行【对象】-【剪切蒙版】-【建立】命令，可以将一个单一的路径或复合路径创建为透明的蒙版，它将修剪被蒙版图形的一部分，并只显示蒙版区域的内容。可以直接在绘制的图形上创建蒙版，或者在导入的位图上创建蒙版，如图 6-26 所示。

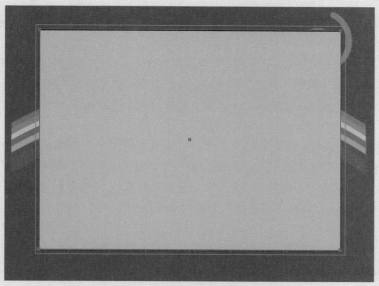

图 6-26　绘制矩形蒙版

　　使用工具箱中的工具在页面上绘制，或使用【选择工具】选择要作为蒙版的对象。如果是在【图层】面板中进行创建，选中包含需要将其转变为蒙版的图层或群组，处于最上方的图层或群组中的对象将被作为蒙版。

　　使用【选择工具】同时选中需要作为蒙版的对象和被蒙版的图形，然后执行【对象】-【剪切蒙版】-【建立】命令，或者单击【图层】面板底部的【建立/释放剪切蒙版】

按钮 ，也可以选择面板菜单中的【建立剪切蒙版】命令。这时作为蒙版的对象将失去原来的着色属性，而成为一个无填充或轮廓线填充的对象，如图 6-27 所示。

当完成蒙版的创建后，还可为它应用填充或轮廓线填充，操作时使用

图 6-27　创建剪切蒙版

【直接选择工具】选中蒙版对象，这时可利用工具箱中的填充或轮廓线填充工具，或使用【颜色】面板对蒙版进行填充，但是只有轮廓线填充是可见的，而对象的内部填充会被隐藏到被蒙版对象的下方。这时还可以对蒙版进行变换，操作时只要用【直接选择工具】选中蒙版，然后使用各种变换工具对其进行适当地变形即可。

当撤销蒙版效果，恢复对象原来的属性时，可使用【直接选择工具】或拖动产生一个选择框选中蒙版对象，然后执行【对象】-【剪切蒙版】-【释放】命令。如果是在【图层】面板中进行操作，可先选择包含蒙版的图层或编组，并选择面板菜单中的【释放剪切蒙版】命令，或者单击面板底部的【建立/释放剪切蒙版】按钮，另外，选择蒙版对象并右击，在弹出的快捷菜单中选择【释放剪切蒙版】命令，或者按 Alt+Ctrl+7 组合键也可以撤销蒙版效果。

编辑蒙版

当完成蒙版的创建，或者打开一个已应用蒙版的文件后，可以对其进行一些编辑，如查看、选择蒙版或增加、减小蒙版区域等。

当查看一个对象是否为蒙版时，可在页面上选择该对象，然后执行【窗口】-【图层】命令，打开【图层】面板，单击右上角的三角形按钮，选择面板菜单中的【定位对象】命令。当蒙版为一个路径时，它的名称下方会出现一条下划线；当蒙版为一个编组时，其名称下方会出现呈虚线的分隔符。

蒙版和被蒙版图形能像普通对象一样被选择或修改，由于被蒙版图形在默认情况下是未锁定的，用户可以先将蒙版锁定，然后进行编辑，这样就不会影响被蒙版图形。操作时使用【直接选择工具】选中需要锁定的蒙版，然后执行【对象】-【锁定】-【所选对象】命令，这时不能再选择或移动被蒙版图形中单独的对象。

当选择蒙版时，可执行【选择】-【对象】-【剪切蒙版】命令，它可以查找和选择文件中应用的所有蒙版，如果页面上有非蒙版对象处于选定状态，则会取消选中它。当向被蒙版图形中添加一个对象时，可先将其选中，并拖动到蒙版的前面，然后执行【编辑】-【粘贴】命令，再使用【直接选择工具】选中被蒙版图形中的对象，这时执行【编辑】-【贴在前面】或者【编辑】-【贴在后面】命令，该对象就会被相应地粘贴到被蒙版图形的前面或后面，并成为被蒙版图形的一部分。要在被蒙版图形中删除一个对象，可使用【直接选择工具】选中该对象，然后执行【编辑】-【清除】命令；还可以选中该项目，直接按 Delete 键删除。

项目任务单　海报设计项目

1.　图层的认识

（1）启动 Illustrator 软件，执行【文件】-【新建】命令，弹出【新建文档】对话框，输入文档名称"海报设计"，设置画板大小，【宽度】为 210mm，【高度】为 285mm，【取向】为【纵向】，【出血】为 3mm，其他选项为默认，然后单击【确定】按钮，进入到 Illustrator 的工作界面，这时就可以开始设计工作了。

（2）选择【矩形工具】，单击文档空白处，弹出【矩形工具】对话框，设置【宽度】为 210mm，【高度】为 285mm，与画板对齐，设置填充色为 #B2D5F1，描边为无。

（3）选择【矩形工具】，绘制矩形海洋，设置颜色为 #22455C。

（4）选择工具箱中的【钢笔工具】，绘制不规则岛屿，设置颜色分别为 #915E24、#AA7629、#C68E29。

（5）选择【椭圆工具】按住 Shift 键绘制若干个白色正圆，排列成云朵造型后执行【窗口】-【路径查找器】-【联集】命令。

（6）选择【钢笔工具】和【整形工具】，绘制海面上的小船，设置颜色为 #D31323。

项目记录：

_____

_____

_____

_____

_____

_____

2.　编辑图层

（1）使用工具箱中的【矩形工具组】和【直线段工具组】完成地面上工业建筑物的绘制，颜色设置见本项目导出文件。

（2）使用【钢笔工具】绘制左右两块不规则图形，设置填充色为 #AB9162，描边颜色为白色，虚线设置为 2pt。

（3）使用【矩形工具组】、【直线段工具组】、【路径查找器】命令等绘制垃圾。

（4）使用【文字工具】添加文字，设置【字体】为【黑体】，【字号】为40pt，【上下间距】为55pt，字体颜色为白色，其他设置为默认。执行【效果】-【风格化】-【投影】命令，为文字添加投影效果，使文字更加立体，更有层次感。使用【选择工具】同时选中两组文字，执行【对齐】-【垂直居中对齐】命令。

（5）调整图形和文字的位置关系，完成海报设计。

项目记录：

_____

_____

_____

_____

_____

_____

3. 蒙版的应用

（1）新建文档。启动 Illustrator 软件，执行【文件】-【新建】命令，在弹出的【新建文档】对话框中设置【名称】为"雨后彩虹"，【宽度】为200mm，【高度】为150mm，【出血】为3mm，其他数值保持默认。

（2）选择工具箱中的【矩形工具】绘制矩形，设置填充颜色为#78C8FF，填充好颜色后使其与文档画板对齐，调整后锁定图层。

（3）选择工具箱中的【钢笔工具】绘制彩虹，设置颜色填充分别为赤、橙、黄、绿、青、蓝、紫七种颜色，在绘制过程中注意取消描边设置，在调整彩虹弧度时配合工具箱中的【直接选择工具】使用。

（4）选择工具箱中的【螺旋线工具】和【画笔工具】绘制太阳，设置太阳内部颜色为#E94B18，外部光芒颜色为#F4D21F，调整其大小及位置关系。

（5）使用工具箱中的【弧形工具】，绘制花茎，设置颜色为#157639。

（6）使用【多边形工具】、【钢笔工具】、【直接选择工具】、【椭圆工具】绘制小雏菊，设置花瓣填充色为白色，花心填充色为#CBDB35。

（7）使用【矩形工具】绘制与文档大小相同的矩形。

（8）使用【选择工具】选中所有绘制的图形，在视图中单击鼠标右键，在弹出的快捷菜单中选择【建立剪切蒙版】命令，完成雨后彩虹的绘制。

项目记录：

_____

_____

_____

_____

_____

_____

单项选择题

1. 在 Illustrator 中，下列关于【图层】面板的表述，不正确的是（　　　）。

   A. 在 Illustrator 中新建一个文档后，系统会自动在【图层】面板中生成一个图层。图层是透明的，就好像一张张透明的拷贝纸，在每张拷贝纸上绘制不同的图形，重叠在一起便得到一幅完整的作品，用户可以根据需要来创建图层

   B. 在 Illustrator 中新建一个文档后，系统会自动在【图层】面板中生成一个图层。图层是白色的，就好像一张张透明的拷贝纸，在每张拷贝纸上绘制不同的图形，重叠在一起便得到一幅完整的作品，用户可以根据需要来创建图层

   C. 当创建图层后，可以使用【图层】面板在不同图层之间进行切换、复制、合并、排序等操作

   D. 执行【窗口】-【图层】命令或按快捷键 F7，弹出【图层】面板

2. 在 Illustrator 中，关于图层的操作表述不正确的是（　　　）。

   A. 默认状态下，在绘图页面上创建的所有对象都存放在一个图层中，用户可以创建一个新图层，并移动这些对象到新图层

   B. 默认情况下，新建文件时会自动创建一个透明的图层，用户不可以在文件中创建多个图层

   C. 由于 Illustrator 会在选定图层的上面创建一个新的图层，所以在新建图层时，首先要选定图层，然后单击面板上的【新建图层】按钮，这时面板中会出现一个空白图层，并且处于被选中状态

   D. 如果要设置新创建的图层，可从面板菜单中选择【新建图层】命令，或者按 Alt 键单击【新建图层】按钮，都可打开【图层选项】对话框

3. 拖动选定项目到面板底部的【新建图层】按钮上。按住（   ）键，在选定的项目上按住鼠标左键并拖动，当鼠标指针处于一个图层或群组上时释放鼠标，复制的选项将被放置到该图层或编组中；若鼠标指针处于两个项目之间，则会在指定位置添加复制的选项。

  A. Alt   B. Shift

  C. Ctrl   D. Del

4. 完成蒙版的创建后，还可为它应用填充或轮廓线填充。操作时使用【直接选择工具】选中蒙版对象，这时可利用工具箱中的填充或轮廓线填充工具，或使用【颜色】面板对蒙版进行填充，但是只有轮廓线填充是可见的，而对象的内部填充会被隐藏到被蒙版对象（   ）。

  A. 左侧   B. 上方

  C. 右侧   D. 下方

5. 关于蒙版的描述，不正确的是（   ）。

  A. 当用户需要改变图形对象中某个区域的颜色或者需要对该区域单独应用滤镜或其他效果时，使用蒙版可以遮挡其下层图形的部分或全部图形，在 Illustrator 中，无论是单一路径、复合路径，还是群组对象或文本对象都可以用来创建蒙版，创建为蒙版后的对象会自动群组在一起

  B. 在创建蒙版时，可以使用【对象】菜单中的命令或者【图层】面板来创建透明的蒙版，也可以使用【透明度】面板创建半透明的蒙版

  C. 使用工具箱中的工具在页面上绘制，或使用【套索工具】选择要作为蒙版的对象

  D. 蒙版和被蒙版图形能像普通对象一样被选择或修改，由于被蒙版图形在默认情况下是未锁定的，用户可以先将蒙版锁定，然后进行编辑，这样就不会影响被蒙版图形。操作时使用【直接选择工具】选中需要锁定的蒙版，然后执行【对象】-【锁定】-【所选对象】命令，这时不能再选择或移动被蒙版图形中单独的对象

参考答案：1.B 2.B 3.A 4.D 5.C

项目七 ⊛ 艺术形象设计

项目导读:

　　艺术形象设计的形式是多种多样的,但不能失去其造型的基本原理和方法,形式的变化与发展是在角色造型基础上加以拓展变化的。因此要独立地设计出适应大众审美的优秀角色造型作品,应注重学习兴趣和设计能力及审美能力的培养。本章主要讲解艺术形象设计的艺术风格和制作手段,形象是角色设计的外在表现,设计是赋予角色以个性的表现主宰,二者互为依托。通过本章的学习,能够掌握艺术形象设计的基本要领,并独立地创作出优秀的动态艺术形象作品。

>>>>>>

7.1　艺术形象的分类

　　艺术形象是一个集真实性、典型性、完整性、独立性和美感于一体的完美集合,具有一定的商业意义和传播推广价值。成功的艺术形象可以快速地融入生活,并具有一定的产业化延伸和持久的生命力。

1. 写实类

　　写实类艺术形象在设计中以尊重客观对象的实际情况进行创作,一般基于现实生活中的人和物,尊重对象的固有特征及外形,在造型设计中能够严谨、客观地反映出对象的结构、比例、形体等特征。写实类艺术形象的创作,要求设计者有过硬的绘画基本功,能够运用色彩高超地表现出物体的形体比例、形状、结构变化等,如图 7-1 所示。

图 7-1　写实类艺术形象设计

2. 夸张变形类

在艺术形象设计中，夸张变形类的创作占有重要比例。与传统设计中的提炼、夸张等技法有着相似的原理，但在艺术设计的变形中更注重趣味性和设计感。根据不同的设计需求创作出对象的整体形体结构，同时为了突出设计对象的特征或某些个性元素而进行单独部位的夸张变形。在创作中同样要率先提炼设计对象的固有特征，例如形体、五官、颜色等，并将固有特征应用到新的形象设计中，如图 7-2 所示。

图 7-2　夸张变形类艺术形象设计

3. 符号类

符号类艺术形象的特点是色彩简洁明快、造型简洁、凸显设计形象的特点。该类形象一般出现在动画片、品牌形象设计、表情包动画、玩具、装饰摆件等设计形式中，形象设计往往没有故事背景或职业描述，可以摆脱情节的束缚而专致于艺术形象自身特点的设计，注重角色的外在整体效果，追求给人留下过目不忘的印象。为了迎合人们对固有形象的思维，把设计形象的特点从另一个角度提炼出来，从而达到预期的效果，如图 7-3 所示。

图 7-3　符号类艺术形象设计

7.2　艺术形象的造型方法

在明确了艺术形象的设计定位后，将进入具体的造型设计环节，首先需要明确设计的主体和设计顺序。下面将从三个方面阐述艺术形象创作的基本方法。

1. 基础几何形体拼接

艺术形象设计的组合与专业绘画中切面石膏像绘制的理念基本相同，我们生活中所有的事物都是由多个几何形体构成，这些几何形体的组合形成了生活中事物的基本骨架结构。在艺术形象设计时，应和绘画起形一样，从整体入手进行设计，如图7-4所示。

图 7-4　基础几何形体拼接形象设计

2. 变形夸张

在艺术形象的设计中，变形夸张是形象设计最常用的方法，变形夸张是在充分了解设计形象的形体结构基础上完成的，需要根据固有物体的内在骨骼、肌肉、毛发等因素进行提炼的二次设计。艺术形象在设计时的基础特征是提炼物体固有特点，对事物颜色及形态进行简化，以最简洁的图形语言表现物体的特征，并对提炼出的元素进行夸张表现。其主要包含整体、局部、颜色、服饰、道具等方面的夸张，如图7-5所示。

图 7-5　设计中的变形夸张

3. 拟人化设计

　　拟人化是艺术形象设计中的一个重要形式，往往对于动物、植物、道具等艺术形象的设计采用拟人的手法进行处理。例如，让动物类角色直立行走、奔跑、跳跃等，模拟人的动作和情感，进一步将人的表情、语言、服饰等特色赋予给艺术形象。但在设计动物身体骨骼关节部位时，还应对照动物原来身体的体貌特征，把握住动物的原本体型特点，如图7-6所示。

图7-6　艺术形象的拟人化设计

　　对于植物、道具物品等艺术形象的处理上，往往通过添加五官、眉毛和胡子的手段赋予物体表情，再将物体变形并结合人类外部特征的基础上，发挥想象力，进行拟人化处理。在设计中可以为添加的道具赋予形象拟人化风格，如图7-7所示。

图7-7　道具的拟人化应用设计

7.3　GIF艺术形象设计案例一

在 Photoshop 中制作 GIF 表情动画，画面尺寸标准参照微信表情包上传要求。在主界面顶端菜单栏中选择【窗口】-【时间轴】命令，调出【时间轴】面板。

（1）打开 Photoshop 软件，新建画布大小为 500 像素 *500 像素，分辨率设置为 300 像素 / 英寸。在界面右下角单击【创建新图层】按钮，利用主界面左侧工具箱中的【椭圆选框工具】和【钢笔工具】建立艺术形象头部轮廓，如图 7-8 所示。

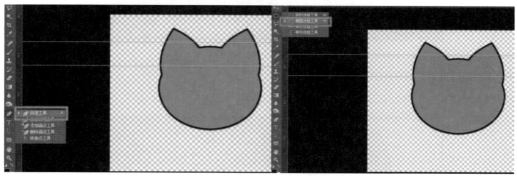

图 7-8　建立头部轮廓

（2）选择 Photoshop 软件主界面左侧工具箱中的【多边形套索工具】，绘制艺术形象耳部内侧的阴影，如图 7-9 所示。

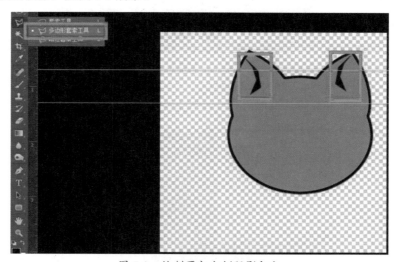

图 7-9　绘制耳部内侧阴影部分

（3）按照相同的方法分图层绘制艺术形象各部位图形。按艺术形象运动部位划分，分别将身体部分图层放到各部位文件夹中，并对文件夹进行描边操作，如图 7-10 所示。

图 7-10　分层处理

（4）将艺术形象的手部单独作为一个图层进行控制，方便后期动作序列的制作，并创建相关场景，注意图层排序，如图 7-11 所示。

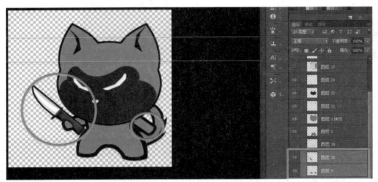

图 7-11　手部处理

（5）新建图层，绘制艺术形象头罩图形，将头罩图层放到眼睛图层下放，并根据总体布局设计头罩上的眼睛位置，如图 7-12 所示。

图 7-12　头罩和眼睛处理

（6）根据绘制头罩图形和眼睛图层的位置，重新布局设计头罩上的眼睛位置，如图 7-13 所示。

图 7-13　设计眼睛部分

（7）建立【文本】图层输入文字，新建一个文件夹，将所有的图层都放到新建文件夹中，并复制该文件夹 4 组，如图 7-14 所示。

图 7-14　将图层放到文件夹中

（8）根据运动规律设置动作，调整每组文件夹内的"图层 刀"的图形、角度和形状，制作动画序列，并对单个文件夹进行合并图层操作，对动作图层进行排序，如图 7-15 所示。

图 7-15　制作动画序列

（9）在 Photoshop 主界面顶端菜单栏中选择【窗口】-【时间轴】命令，如图 7-16 所示。

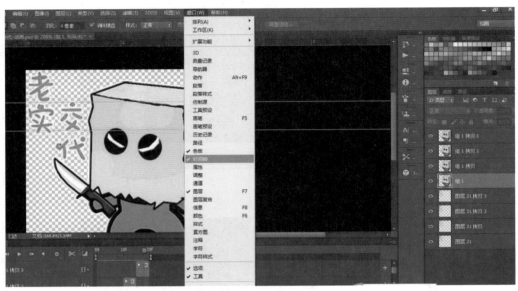

图 7-16　选择【时间轴】命令

（10）在调出的【时间轴】面板中，根据动画运动的时间轨迹设置图层动画时间，如图 7-17 所示。

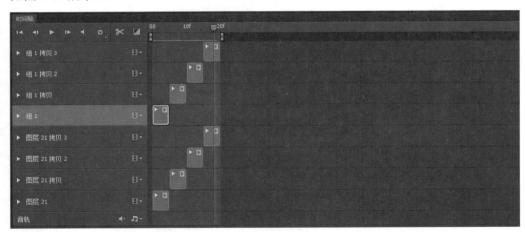

图 7-17　设置图层动画时间

（11）选择 Photoshop 软件主界面顶端菜单栏中的【文件】-【存储为 Web 所用格式】命令，弹出【存储为 Web 所用格式】对话框。在该对话框中设置并保存 GIF 动画格式、颜色和图像大小，将【循环选项】设置为【永远】，如图 7-18 所示。

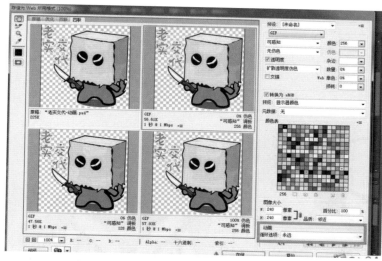

图 7-18 存储设置

7.4 GIF艺术形象设计案例二

在 Photoshop 中制作 GIF 表情动画，画面尺寸标准参照微信表情包上传要求。在主界面顶端菜单栏中选择【窗口】-【时间轴】命令，调出【时间轴】面板。

（1）打开 Photoshop 软件，新建画布大小为 500 像素 *500 像素，分辨率设置为 300 像素 / 英寸。在界面右下角单击【创建新图层】按钮，使用【椭圆选框工具】创建艺术形象的头部形状，分别对头发、眼睛、面部进行分层建立，如图 7-19 所示。

图 7-19 创建头部形状

（2）根据图例，使用【椭圆选框工具】创建艺术形象身体部分，上肢和下肢需要做分层处理，如图 7-20 所示。

（3）艺术形象主体创建好后新建图层，使用【钢笔工具】对艺术形象的服装配饰进行创建，依照图例创建艺术形象头部装饰图形，注意图层位于整体文件最上方，为方便绘制，可将其余图层隐藏，如图 7-21 所示。

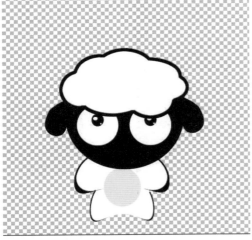

图 7-20 分层处理　　　　　　　　　　图 7-21 绘制头部装饰品

（4）头部装饰绘制好后，将隐藏的艺术形象主体部分显示出来，并根据形象设计需求调整主体形象与配饰之间的大小关系，如图 7-22 所示。

图 7-22 调整各层大小

（5）本艺术形象以新年祝福的寓意为设计意图，在创建中国传统祥狮的素材基础上，创建"福"字进行寓意的加强，使用【矩形选框工具】、【钢笔工具】和【文字工具】进行创建。需要注意的是，为体现艺术形象手握福字，需要对福字的两侧进行圆形删减，效果如图 7-23 所示。

图 7-23　"福"字的绘制与调整

（6）主体元素创建好后，重新审视艺术形象的设计，由于祥狮头部饰品过大，给人以头重脚轻的感觉，在保证艺术形象不变的前提下，我们使用【钢笔工具】绘制狮子的身体部分作为形象的披风，用来调整整体的构图，如图 7-24 所示。

图 7-24　调整整体构图

（7）整体形象设计好后，将所有的图层放入文件夹中，并将文件夹进行复制，如图 7-25 所示。

（8）对每个文件夹中的头部和道具进行旋转，保证动画序列图的运动规律，变化幅度不宜过大，如图 7-26 所示。

图 7-25　文件夹的复制

图 7-26　头部和道具的旋转

　　(9) 打开【时间轴】面板,按顺序设置图层出现的时间,完成形象动画设计。选择 Photoshop 软件主界面顶端菜单栏中的【文件】-【存储为 Web 所用格式】命令,弹出【存储为 Web 所用格式】对话框。在该对话框中设置并保存 GIF 动画格式、颜色和图像大小,将【循环选项】设置为【永远】,如图 7-27 所示。

图 7-27　完成动画

7.5　GIF艺术形象设计案例三

　　在 Photoshop 中制作 GIF 表情动画,画面尺寸标准参照微信表情包上传要求。在主界面顶端菜单栏中选择【窗口】-【时间轴】命令,调出【时间轴】面板。

　　(1) 打开 Photoshop 软件,新建画布大小为 500 像素 *500 像素,分辨率设置为 300 像素 / 英寸。在界面右下角单击【创建新图层】按钮,使用【椭圆选框工具】绘制艺术形象的轮廓,在【编辑】菜单下选择【描边】命令创建艺术形象头部轮廓,面部和耳朵需放置于不同图层中,如图 7-28 所示。

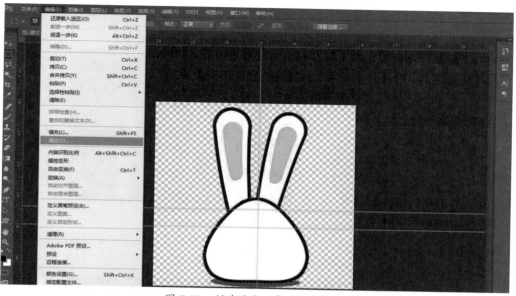

图 7-28　创建艺术形象的头部轮廓

（2）按住 Ctrl 键单击面部图层，将面部选取，在新建图层中填充黑色并降低透明度，创建艺术形象面部的阴影部分，如图7-29所示。

图 7-29　创建面部阴影

（3）使用相同的工具创建艺术形象的主体部分，并将身体部分各图层放入文件夹，对文件夹进行描边处理，避免重叠部分出现描边，如图7-30所示。

图 7-30　描边处理

（4）再从文件夹外部创建模型头部的"愤怒线"，方便后期动作序列的制作，并创建相关场景，注意图层排序，如图 7-31 所示。

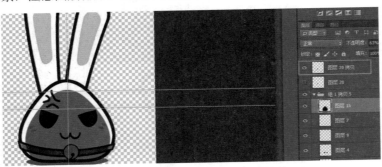

图 7-31 创建"愤怒线"及相关场景

（5）表情后方背景为火焰的序列图形，首先需要使用【钢笔工具】进行绘制填充，在绘制时需要注意后面几帧动画的变化形态，如图 7-32 所示。

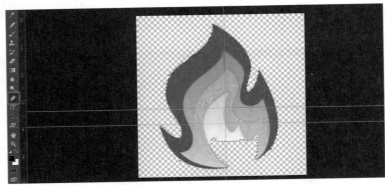

图 7-32 绘制火焰

（6）创建火焰序列动画，并根据表情总体布局设计对火焰位置进行调整，如图 7-33 所示。

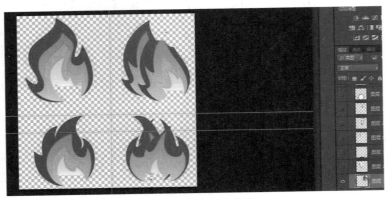

图 7-33 创建火焰序列

（7）将之前所有的图层放到新建文件夹中，并将火焰图形作为背景，按照序列图顺序分别放入文件夹中。

（8）将艺术形象头部的愤怒表情移出各文件夹，对其单独做动画进行展示，如图 7-34 所示。

图 7-34　艺术形象头部的单独动画展示

（9）在 Photoshop 处理软件中，选择【窗口】-【时间轴】命令，调出【时间轴】面板，根据表情的设计构思制作动画，如图 7-35 所示。

图 7-35　制作动画

（10）选择 Photoshop 软件主界面顶端菜单栏中的【文件】-【存储为 Web 所用格式】命令，弹出【存储为 Web 所用格式】对话框。在该对话框中设置并保存 GIF 动画格式、颜色和图像大小，将【循环选项】设置为【永远】，如图 7-36所示。

图 7-36　使用 Web 存储

7.6　GIF艺术形象设计案例四

在 Photoshop 中制作 GIF 表情动画，画面尺寸标准参照微信表情包上传要求。在主界面顶端菜单栏中选择【窗口】-【时间轴】命令，调出【时间轴】面板。

（1）打开 Photoshop 软件，新建画布大小为 500 像素 *500 像素，分辨率设置为 300 像素 / 英寸。在界面右下角单击【创建新图层】按钮，使用【椭圆选框工具】创建艺术形象的头部形状，分别对头发、眼睛、面部进行分层建立，对主体轮廓线进行描边后转化为图层，如图 7-37 所示。

图 7-37　创建轮廓线

（2）根据图例，使用【椭圆选框工具】创建艺术形象身体部分，上肢和下肢需要做分层处理，对主体轮廓线进行描边后转化为图层，如图 7-38 所示。

图 7-38　创建身体部分

（3）艺术形象主体创建好后，新建图层，使用【钢笔工具】对艺术形象的配景进行创建，依照图例创建艺术形象下方石头的图形，注意图层位于整体文件最下方，在图形整体填充后使用【加深工具】和【减淡工具】绘制明暗关系，如图 7-39 所示。

（4）配景绘制好后，为烘托整体形象的沧桑感，为艺术形象主体添加阴影及辅助线段，并根据艺术形象设计需求调节主体形象与配饰之间的大小关系，如图 7-40 所示。

图 7-39　绘制明暗关系

图 7-40　设计主体形象与配饰的关系

（5）本艺术形象以孤独的寓意为设计意图，在创建主体形象明暗关系的基础上，创建风和落叶进行寓意的加强，使用【椭圆选框工具】、【钢笔工具】和【文字工具】进行创建。需要注意的是，为体现风的形象，需要对线条进行删减，如图 7-41 所示。

图 7-41　创建风和落叶

（6）辅助元素创建好后，重新审视形象的设计，将风和落叶元素分别赋予主体形象，并按序列图的运动规律对文件夹进行划分，如图 7-42 所示。

图 7-42　建立动画序列

（7）打开【时间轴】面板，按顺序设置图层的出现时间，加入文字图层，完成形象动画设计，如图 7-43 所示。

图 7-43　设置时间轴

（8）选择 Photoshop 软件主界面顶端菜单栏中的【文件】-【存储为 Web 所用格式】命令，弹出【存储为 Web 所用格式】对话框。在该对话框中设置并保存 GIF 动画格式、颜色和图像大小，将【循环选项】设置为【永远】，如图 7-44 所示。

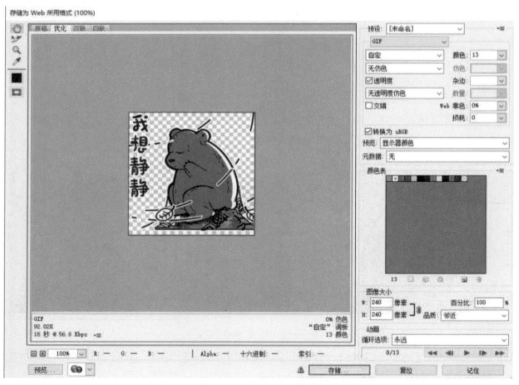

图 7-44　设置 Web 格式

7.7　课堂项目练习

利用 Photoshop 中的 3D 功能制作 GIF 文字环绕动画表情，画面尺寸标准参照微信表情包上传要求。在主界面顶端菜单栏中选择【窗口】-【时间轴】命令，调出【时间轴】面板。

（1）打开 Photoshop 软件，导入素材文件"三维文字动画 素材"。新建一个文字图层，输入需要围绕在表情形象周围的文字，如图 7-45 所示。

图 7-45　建立文本

（2）选择新创建的文本图层，在 Photoshop 软件顶端菜单栏中选择 3D（D）-【从图层新建网格】-【网格预设】-【圆柱体】命令，生成 3D 圆柱体，如图 7-46 所示。

图 7-46　创建圆柱体

（3）在新调出的三维视图中选择圆柱体，选择三维图标中绿色的纵向箭头，使用鼠标左键按住横向方块进行圆柱体高度缩放，如图 7-47 所示。

图 7-47　圆柱体高度缩放调整

（4）圆柱体高度调整好后，选择三维图标中绿色的纵向箭头，使用鼠标左键按住绿色弧度方块进行圆柱体旋转调整，如图 7-48 所示。

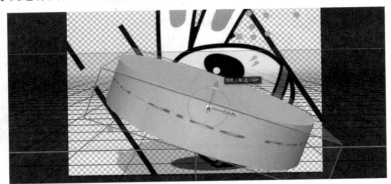

图 7-48　圆柱体旋转调整

（5）选择 Photoshop 软件主界面右下方的【图层】面板，鼠标左键双击文本 3D 图层中【纹理】下的【圆柱体材质 - 默认纹理】选项，如图 7-49 所示。

图 7-49　选择【圆柱体材质 - 默认纹理】选项

（6）在弹出的新窗口中，使用【自由变化】工具将文本拉伸铺满整个画面，如图 7-50 所示。

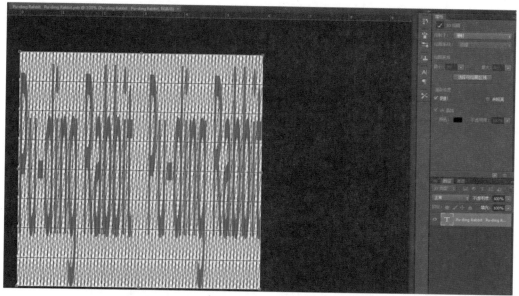

图 7-50　拉伸文本

（7）在主界面顶端菜单栏中选择【窗口】-【时间轴】命令，调出【时间轴】面板，选择文本 3D 图层，如图 7-51 所示。

图 7-51　调出【时间轴】面板

（8）在文本 3D 图层下选择【3D 网格】中的【圆柱体】选项，在开始位置设置空白关键帧，在结束位置设置 360°旋转关键帧，如图 7-52 所示。

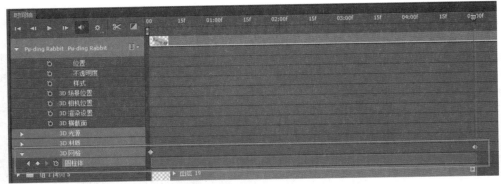

图 7-52　设置 3D 网格时间关键帧

（9）在【时间轴】面板中选中【设置回放选项】中的【循环播放】复选框，单击【播放】按钮查看动画，如图 7-53 所示。

（10）在 Photoshop 软件主界面右上方的【属性】面板中取消选中【投影】复选框，隐藏文本 3D 图层投影，如图 7-54 所示。

图 7-53　设置循环播放

图 7-54　取消文本 3D 图层投影

（11）在 Photoshop 软件主界面右下方的 3D 面板中，选择【圆柱体】下的【顶部材质】选项。在主界面右上方【属性】面板中将【不透明度】设置为 0%，如图 7-55 所示。

图 7-55　设置材质不透明度

（12）在 Photoshop 软件主界面右下方的 3D 面板中，选择【圆柱体】下的【圆柱体材质】选项。在主界面右上方【属性】面板中将【漫射】设置为纯白色，如图 7-56 所示。

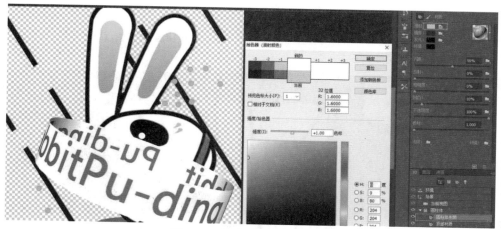

图 7-56　设置圆柱体漫射属性

（13）继续在主界面右上方【属性】面板中将【环境】设置为纯白色，如图 7-57 所示。

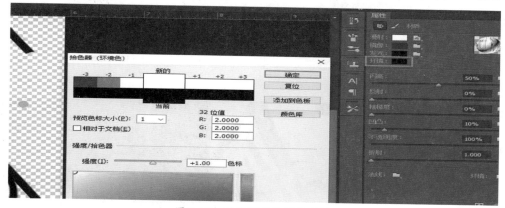

图 7-57　设置圆柱体环境属性

（14）在 Photoshop 软件主界面右下方的【图层】面板中，将文本 3D 图层移动至图像图层下方，如图 7-58 所示。

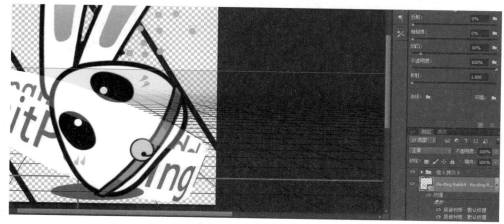

图 7-58　调整图层顺序

（15）利用选区工具选择文本 3D 圆柱体靠近前端的区域，然后将图像文件夹合并为图层，并选择主界面菜单栏中的【图层】-【新建】-【通过剪切的图层】命令，如图 7-59 所示。

图 7-59　新建剪切图层

（16）将新建的剪切图层移至文本 3D 图层下方，并将文本 3D 图层的属性设置为【线性光】，如图 7-60 所示。

图 7-60　调整图层顺序

（17）选择 Photoshop 软件主界面顶端菜单栏中的【文件】-【存储为 Web 所用格式】命令，弹出【存储为 Web 所用格式】对话框。在该对话框中设置并保存 GIF 动画格式、颜色和图像大小，将【循环选项】设置为【永远】，如图 7-61 所示。

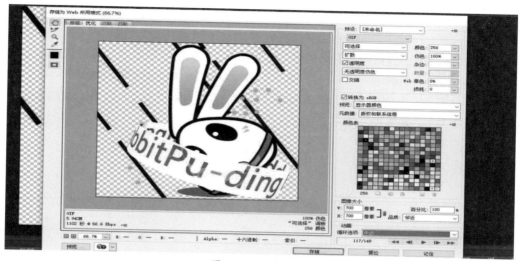

图 7-61　输出设置

项目任务单　艺术形象设计项目

1.　GIF艺术形象设计案例一

　　在 Photoshop 中制作 GIF 表情动画，画面尺寸标准参照微信表情包上传要求。在主界面顶端菜单栏中选择【窗口】-【时间轴】命令，调出【时间轴】面板。

　　（1）打开 Photoshop 软件，新建画布大小为 500 像素 *500 像素，分辨率设置为 300 像素 / 英寸。在界面右下角单击【创建新图层】按钮，利用主界面左侧工具箱中的【椭圆选框工具】和【钢笔工具】建立艺术形象头部轮廓。

　　（2）选择 Photoshop 软件主界面左侧工具箱中的【多边形套索工具】，绘制艺术形象耳部内侧的阴影。

　　（3）按照相同的方法分图层绘制艺术形象各部位图形。按艺术形象运动部位划分，分别将身体部分图层放入各部位文件夹中，并对文件夹进行描边操作。

　　（4）将艺术形象的手部单独作为一个图层进行控制，方便后期动作序列的制作，并创建相关场景，注意图层排序。

　　（5）新建图层，绘制艺术形象头罩图形，将头罩图层放到眼睛图层下方，并根据总体布局设计头罩上的眼睛位置。

　　（6）根据绘制头罩图形和眼睛图层的位置，重新布局设计头罩上的眼睛位置。

　　（7）建立【文本】图层输入文字，新建一个文件夹，将所有的图层放到新建文件夹中，并复制该文件夹 4 组。

　　（8）根据运动规律设置动作，调整每组文件夹内的"图层 刀"的图形、角度和形状，制作动画序列，并对单个文件夹进行合并图层操作，对动作图层进行排序。

（9）在 Photoshop 主界面顶端菜单栏中选择【窗口】-【时间轴】命令，调出【时间轴】面板。

（10）在调出的【时间轴】面板中，根据动画运动的时间轨迹设置图层动画时间。

（11）选择 Photoshop 软件主界面顶端菜单栏中的【文件】-【存储为 Web 所用格式】命令，弹出【存储为 Web 所用格式】对话框。在该对话框中设置并保存 GIF 动画格式、颜色和图像大小，将【循环选项】设置为【永远】。

项目记录：

_____

_____

_____

_____

_____

_____

2.　GIF艺术形象设计案例二

在 Photoshop 中制作 GIF 表情动画，画面尺寸标准参照微信表情包上传要求。在主界面顶端菜单栏中选择【窗口】-【时间轴】命令，调出【时间轴】面板。

（1）打开 Photoshop 软件，新建画布大小为 500 像素 *500 像素，分辨率设置为 300 像素 / 英寸。在界面右下角单击【创建新图层】按钮，使用【椭圆选框工具】创建艺术形象头部形状，分别对头发、眼睛、面部进行分层建立。

（2）根据图例，使用【椭圆选框工具】创建艺术形象身体部分，上肢和下肢需要做分层处理。

（3）艺术形象主体创建好后新建图层，使用【钢笔工具】对艺术形象的服装配饰进行创建，依照图例创建艺术形象头部装饰图形，注意图层位于整体文件最上方，为方便绘制，可将其余图层进行隐藏。

（4）头部装饰绘制好后，将隐藏的艺术形象主体部分显示出来，并根据艺术形象设计需求调节主体形象与配饰之间的大小关系。

（5）本形象以新年祝福的寓意为设计意图，在创建中国传统祥狮的素材基础上，创建"福"字进行寓意的加强，使用【矩形选框工具】、【钢笔工具】和【文字工具】进行创建，需要注意的是，为体现艺术形象手握福字，需要对福字的两侧进行圆形删减。

（6）主体元素创建好后，重新审视艺术形象的设计，由于头部祥狮饰品过大，给人以头重脚轻的感觉，在保证形象不变的前提下，我们使用【钢笔工具】绘制狮子的身体部分作为形象的披风，用以解决整体构图。

（7）整体形象设计好后，将所有图层放入文件夹中，并将文件夹进行复制。

（8）对每个文件夹中的头部和道具进行旋转，保证动画序列图的运动规律，变化幅度不宜过大。

（9）打开【时间轴】面板，按顺序设置图层出现的时间，完成形象动画设计。选择 Photoshop 软件主界面顶端菜单栏中的【文件】-【存储为 Web 所用格式】命令，弹出【存储为 Web 所用格式】对话框。在该对话框中设置并保存 GIF 动画格式、颜色和图像大小，将【循环选项】设置为【永远】。

项目记录：

_____

_____

_____

_____

_____

_____

3.　GIF艺术形象设计案例三

在 Photoshop 中制作 GIF 表情动画，画面尺寸标准参照微信表情包上传要求。在主界面顶端菜单栏中选择【窗口】-【时间轴】命令，调出【时间轴】面板。

（1）打开 Photoshop 软件，新建画布大小为 500 像素 *500 像素，分辨率设置为 300 像素 / 英寸。在界面右下角单击【创建新图层】按钮，使用【椭圆选框工具】绘制艺术形象轮廓，在【编辑】菜单下选择【描边】命令创建艺术形象头部轮廓，面部和耳朵需放置于不同的图层中。

（2）按住 Ctrl 键单击面部图层，将面部选取，在新建图层中填充黑色并降低透明度，创建艺术形象面部的阴影部分。

（3）使用相同的工具创建艺术形象主体部分，并将身体部分各图层放入文件夹，对文件夹进行描边处理，避免重叠部分出现描边。

（4）再从文件夹外部创建模型头部的"愤怒线"，方便后期动作序列的制作，并创建相关场景，注意图层排序。

（5）表情后方背景为火焰的序列图形，首先需要使用【钢笔工具】进行绘制填充，在绘制时需要注意后面几帧动画的变化形态。

（6）创建火焰序列动画，并根据表情总体布局设计对火焰位置进行调整。

（7）将之前所有的图层放到新建文件夹中，并将火焰图形作为背景，按照序列图顺序分别放入文件夹中。

（8）将形象头部的愤怒表情移出各文件夹，对其单独做动画进行展示。

（9）在 Photoshop 处理软件中，选择【窗口】-【时间轴】命令，调出【时间轴】面板，根据表情的设计构思制作动画。

（10）选择 Photoshop 软件主界面顶端菜单栏中的【文件】-【存储为 Web 所用格式】命令，在弹出的【存储为 Web 所用格式】对话框中设置并保存 GIF 动画格式、颜色和图像大小，将【循环选项】设置为【永远】。

项目记录：

_____

_____

_____

_____

_____

_____

4. GIF艺术形象设计案例四

在 Photoshop 中制作 GIF 表情动画，画面尺寸标准参照微信表情包上传要求。在主界面顶端菜单栏中选择【窗口】-【时间轴】命令，调出【时间轴】面板。

（1）打开 Photoshop 软件，新建画布大小为 500 像素 *500 像素，分辨率设置为 300 像素 / 英寸。在界面右下角单击【创建新图层】按钮，使用【椭圆选框工具】创建艺术形象的头部形状，分别对头发、眼睛、面部进行分层建立，对主体轮廓线进行描边后转化为图层。

（2）根据图例，使用【椭圆选框工具】创建艺术形象身体部分，上肢和下肢需要做分层处理，对主体轮廓线进行描边后转化为图层。

（3）艺术形象主体创建好后，新建图层，使用【钢笔工具】对艺术形象的配景进行创建，依照图例创建形象下方石头的图形，注意图层位于整体文件最下方，在图形整体填充后使用【加深工具】和【减淡工具】绘制明暗关系。

（4）配景绘制好后，为烘托整体形象的沧桑感，为艺术形象主体添加阴影及辅助线段，并根据艺术形象设计需求调节主体形象与配饰之间的大小关系。

（5）本艺术形象以孤独的寓意为设计意图，在创建主体形象明暗的基础上，创建风和落叶进行寓意的加强，使用【椭圆选框工具】、【钢笔工具】和【文字工具】进行创建，需要注意的是，为体现风的形象，需要对线条进行删减。

（6）辅助元素创建好后，重新审视形象的设计，将风和落叶元素分别赋予主体形象，并按序列图的运动规律对文件夹进行划分。

（7）打开【时间轴】面板，按顺序设置图层的出现时间，加入文字图层，完成艺术形象动画设计。

（8）选择 Photoshop 软件主界面顶端菜单栏中的【文件】-【存储为 Web 所用格式】命令，弹出【存储为 Web 所用格式】对话框。在该对话框中设置并保存 GIF 动画格式、颜色和图像大小，将【循环选项】设置为【永远】。

项目记录：

_____

_____

_____

_____

_____

_____

5.　课堂项目练习

利用 Photoshop 中的 3D 功能制作 GIF 文字环绕动画表情，画面尺寸标准参照微信表情包上传要求。在主界面顶端菜单栏中选择【窗口】-【时间轴】命令，调出【时间轴】面板。

（1）打开 Photoshop 软件，导入素材文件"三维文字动画 素材"。新建一个文字图层，输入需要围绕在表情形象周围的文字。

（2）选择新创建的文本图层，在 Photoshop 软件顶端菜单栏中选择 3D（D）-【从图层新建网格】-【网格预设】-【圆柱体】命令，生成 3D 圆柱体。

（3）在新调出的三维视图中选择圆柱体，选择三维图标中绿色的纵向箭头，使用鼠标左键按住横向方块进行圆柱体高度缩放。

（4）圆柱体高度调整好后，选择三维图标中绿色的纵向箭头，使用鼠标左键按住绿色弧度方块进行圆柱体旋转调整。

（5）选择 Photoshop 软件主界面右下方的【图层】面板，鼠标左键双击文本 3D 图层中【纹理】下的【圆柱体材质 - 默认纹理】选项。

（6）在弹出的新窗口中，使用【自由变化】工具将文本拉伸铺满整个画面。

（7）在主界面顶端菜单栏中选择【窗口】-【时间轴】命令，调出【时间轴】面板，选择文本 3D 图层。

（8）在文本 3D 图层下选择【3D 网格】中的【圆柱体】选项，在开始位置设置空白关键帧，在结束位置设置 360°旋转关键帧。

（9）在【时间轴】面板中选中【设置回放选项】中的【循环播放】复选框，单击【播放】按钮查看动画。

（10）在 Photoshop 软件主界面右上方的【属性】面板中取消选中【投影】复选框，隐藏文本 3D 图层投影。

（11）在 Photoshop 软件主界面右下方的 3D 面板中，选择【圆柱体】下的【顶部材质】选项。在主界面右上方【属性】面板中将【不透明度】设置为 0%。

（12）在 Photoshop 软件主界面右下方的 3D 面板中，选择【圆柱体】下的【圆柱体材质】选项。在主界面右上方【属性】面板中将【漫射】设置为纯白色。

（13）继续在主界面右上方【属性】面板中将【环境】设置为纯白色。

（14）在 Photoshop 软件主界面右下方的【图层】面板中，将文本 3D 图层移动至图像图层下方。

（15）利用选区工具选择文本 3D 圆柱体靠近前端的区域，然后将图像文件夹合并为图层，并选择主界面菜单栏中的【图层】-【新建】-【通过剪切的图层】。

（16）将通过后新建的图层移至文本 3D 图层下方，并将文本 3D 图层的属性设置为【线性光】。

（17）选择 Photoshop 软件主界面顶端菜单栏中的【文件】-【存储为 Web 所用格式】命令，弹出【存储为 Web 所用格式】对话框。在该对话框中设置并保存 GIF 动画格式、颜色和图像大小，将【循环选项】设置为【永远】。

项目记录：

_____

_____

_____

_____

_____

单项选择题

1. GIF 文件格式在导出设置中能够设置（　　　）种颜色。
   A. 6800　　　　　　　　　　　B. 256
   C. 3200　　　　　　　　　　　D. 2400

2. 下面（　　　）线框不能在 3D 滤镜中进行生成。
   A. 球体　　　　　　　　　　　B. 锥体
   C. 圆环　　　　　　　　　　　D. 正方体

3. 在 GIF 动画制作过程中，下面（　　　）混合模式用于透明图层。
   A. 置后　　　　　　　　　　　B. 正片叠底
   C. 溶解　　　　　　　　　　　D. 柔光

4. Distor 变形滤镜可以产生的效果是（　　　）。
   A. 模糊效果
   B. 风格化图形
   C. 变形效果
   D. 极坐标效果

5. 在 GIF 动画制作过程中，可以实现隐藏图层的操作是（　　　）。
   A. 将图层填充白色
   B. 设置图层不透明度为 0%
   C. 将图层位置调整到最底层
   D. 将图层填充渐变

答案：1.B　　　2.C　　　3.C　　　4.C　　　5.B

项目八 🎬 POP海报设计——商场宣传海报设计

项目导读：

　　POP 海报是英文 Point Of Purchase Ad 的缩写，其英文原意为"在购物场所能促进销售的广告"。所有在零售店面内外能帮助促销的广告物，或其他提供有关商品情报、服务、指示、引导等标示的，都可称为 POP 广告，也称作"最贴心的传播者"。POP 广告作为一种"促销广告"，源于美国。目前，这种实用性很强的广告形式已在全世界流行起来。POP 广告具有视觉冲击的色彩搭配、诙谐的插图、清晰的构图。其制作简单方便，成本低廉，能够快速、直接、有效地用于商品的宣传，促使消费者产生强烈的购买欲望，极具亲和力，综合性强。其内容包括了文字字体造型设计、图案绘制、色彩搭配以及排版构图等美术综合要素，这些要素在培养学生审美和创新能力上会有明显效果。

>>>>>>

8.1　什么是POP海报

　　POP 是指商业销售中的一种店头促销工具，其形式不拘一格，以摆设在店头的展示物为主，如吊牌、海报、小贴纸、大招牌、实物模型、旗帜等，都是属于 POP 的范畴。POP 的中文名字又名"店头陈设"，如图 8-1 所示。

图 8-1　POP 海报

　　近年来，受日本店头展示的行销观的影响，店家们开始重视门面的包装，而且店面上出现大量以纸质绘图告知消费者信息的海报，大多数为印刷的或手工绘制的，并形成一种风潮。其中最引人瞩目的就是手绘 POP，如图 8-2 所示。

图 8-2　手绘 POP 海报 1

　　从早期的十分简单、不重视美观而仅在乎告知信息的文字 POP，到如今演变出的手绘 POP 文化，大量的图案及素材活泼地呈现在海报上，色彩丰富，吸引人的眼球，手绘 POP 成为近年来的一项艺术。而除了在商业上应用之外，校园内也逐渐流行起海报绘制，凡是社团活动、学会宣传、校际活动周知，无不利用最简单的工具来绘制出五光十色的海报。而手绘海报也由最初的"大字报"时期演变为图文并茂的"图文看板"，如图 8-3 所示。

图 8-3　手绘 POP 海报 2

8.2　POP广告的种类

POP 广告属于销售现场媒体广告。销售现场媒体是一种综合性的媒体形式，从内容上大致可分为室内媒体和室外媒体。室内媒体包括货架陈列广告、柜台广告、模特广告、圆柱广告、商店四周墙上的广告、空中悬挂的广告等。室外媒体是指购物场所、商店、超市门前和周围的一切广告媒体形式，主要包括广告牌、霓虹灯、灯箱、电子显示屏、招贴画、商店招牌、门面装饰、橱窗等。

8.3　POP广告的类型及特点

1. 柜台展示 POP 广告

柜台展示POP 是放在柜台上的小型POP广告。由于广告体与所展示商品的关系不同，柜台展示 POP 又可分为展示卡和展示架两种。

1）展示卡

展示卡可放在柜台上或商品旁，也可以直接放在稍微大一些的商品上。展示卡的主要功能是标明商品的价格、产地、等级等，同时也可以简单地说明商品的性能、特点、功能等，其文字不宜太多，以简短的三五个字为宜，如图 8-4 所示。

图 8-4　展示卡

2）展示架

展示架是放在柜台上起说明商品的价格、产地、等级等作用的。它与展示卡的区别在于：展示架上必须陈列少量的商品，但陈列商品的目的不在于展示商品本身，而在于用商品来直接说明广告的内容，陈列的商品相当于展示卡上的图形要素。一旦把商品看成图片后，展示架和展示卡就没有什么区别了。值得注意的是，展示架因为是放在柜台上，放商品的目的在于说明，所以展架上放的商品一般都是体积比较小的商品，而且数量以少为好。适合在展示架上展示的商品有珠宝首饰、药品、手表、钢笔等，如图 8-5 所示。

图 8-5　展示架

柜台展示 POP 广告因其功能和展示方式的限制，在设计时必须注意以下要点。

① 必须以简练、单纯、视觉效果强烈为根本要求。

② 必须注意展示平面的图形与色彩、文字与广告内容的有效结合。

③ 为了区别于一般意义上的价目卡片，应以立体造型为主，价格表示为辅。

④ 立体造型在能支撑展示面或商品的同时，应充分考虑与广告内容的有效结合。

2. 壁面 POP 广告

壁面 POP 广告是陈列在商场或商店的壁面上的 POP 广告形式。在商场的空间中，除橱壁为主要的壁面外，活动的隔断、柜台和货架的立面、柱头的表面、门窗的玻璃面等都是壁面 POP 可以陈列的地方。

应用于商场的壁面 POP 有平面的和立体的两种形式。平面的壁面 POP，实际上就是我们前面讲述过的招贴广告，而立体的壁面 POP，则是本章要介绍的主要内容。由于壁面展示条件的限制，应用于壁面 POP 的立体造型主要是半立体的造型。所谓半立体的造型，也就是类似浮雕的造型，如图 8-6 所示。

图 8-6　壁面 POP 广告

3. 吊挂 POP 广告

吊挂 POP 广告是对商场或商店上部空间及顶界面有效利用的一种 POP 广告类型。

吊挂 POP 广告是在各类 POP 广告中用量最大、使用效率最高的一种 POP 广告。因为商场作为营业空间，无论是地面还是壁面，都必须对商品的陈列和顾客的流通进行有效地考虑和利用，唯独上部空间和顶界面是不能作为商品陈列和行人流通所利用的，所以，吊挂 POP 不仅使顶界面有完全利用的可能性，也在空间的向上发展上占有极大的优势。在商场内凡是顾客能看见的上部空间，都可以有效利用。另外，从展示的方式来看，吊挂 POP 除能对顶界面直接利用外，还可以向下部空间进行适当地延伸利用。所以说吊挂 POP 是使用最多、效率最高的 POP 形式，如图 8-7 所示。

图 8-7　吊挂 POP 广告

吊挂 POP 的种类繁多，从众多的吊挂 POP 广告中可以分出两类最典型的吊挂 POP 形式，即吊旗式和吊挂物。

1）吊旗式

吊旗式是在商场顶部悬挂的旗帜式的吊挂 POP 广告。其特点是以平面的单体向空间进行有规律地重复，从而加强广告信息的传递，如图 8-8 所示。

图 8-8　吊旗式广告

图 8-8　吊旗式广告（续）

2）吊挂物

吊挂物相对于吊旗式来说，是完全立体的吊挂 POP 广告。其特点是以立体的造型来加强产品形象及广告信息的传递，如图 8-9 所示。

图 8-9　吊挂物广告

8.4　POP海报的优势

1. 制作时间短，能够紧跟实时热点

POP 海报设计耗材少、成本低、制作便捷，具有很强的机动性、灵活性，能刺激消费者潜在的购买需求。尽管厂商已经利用各大传播媒体对本企业或本产品进行了广泛的宣传，但有时当消费者步入卖场时，却将其传播媒体的广告内容遗忘，此刻利用 POP 海报进行现场展示，可以唤起消费者的潜在意识，重新记忆起商品，从而促成购买行为。

室内室外的广告设置一般没有时间限制，可以长期重复出现，以加深消费者对产品的印象，具有广泛性和时效性，能起到推销的作用。企业也可以通过 POP 广告宣传自身形象，扩大商品或企业的知名度，如图 8-10 所示。

图 8-10　室内海报设计

2. 具有一部分的产品介绍功能

POP 海报有"产品的媒人"和"商品的求职简历"的美誉。在超市、商场中，当消费者面对诸多商品却无从下手时，摆放在商品周围的一幅引人入胜的手绘 POP 海报会忠实地、不断地向消费者提供商品信息，指示和提醒消费者认牌购买，尤其是在媒体对产品已进行广告宣传之后，能起到一种关键性的、很有成效的劝购作用，从而刺激消费者的购买冲动，如图 8-11 所示。

图 8-11　具有产品介绍功能的 POP 海报

3. 画面丰富多样，具有亲和力

手绘 POP 海报作品流露出的亲切感，是其他印刷品所不能表达出来的。它的亲和力最能刺激消费者潜在的购买欲望，使消费者产生冲动，为经营者带来商机。手绘 POP 海报的鲜明对比的色彩、灵活多变的造型、幽默夸张的图案、准确生动的语言，都可以营造出强烈的热销氛围，吸引消费者的视线，促成购买行为。手绘 POP 海报简单易懂，适合不同阶层的消费者，同时具有美化环境、增加零售点对消费者的吸引力和烘托销售气氛的功能。在显示产品和服务质量，及其购买欲望方面，手绘 POP 海报促进了产品的销售，如图 8-12 所示。

图 8-12　具有亲和力的手绘 POP 海报

8.5　POP海报的主要应用

POP 海报主要应用于超市卖场及各类零售终端专卖店等，各大型超市卖场多采用印刷成统一模板后由美工根据要求填写文字内容，以满足琳琅满目的货品柜面不同的使用要求，机动性和时效性都很强。所以一般单纯的手绘 POP 是难以胜任的，必须以模块化方式进行批量制作。

中小型零售店和产品专卖店有向品牌连锁经营的趋势发展，在产品组织结构促销计划中，很多店面的风格和品牌经营者厂家同步运作，但在 POP 的使用上，不少店面还是主张各自采用不同的文案，推出不同的折扣信息，有的店面甚至使用黄纸毛笔书写"特大喜讯"之类的海报。这显然不适应品牌发展的趋势，也许在这一点上品牌供应商应该考虑得更多。

POP的制作形式有彩色打印、印刷、手绘等方式。随着电脑软件技术的发展，在美工设计应用上更显其美观高效的优势，甚至可模仿手绘艺术字形的涂鸦效果，并可以导入来自数码相机、扫描仪的LOGO图片等素材，特别适合对POP需求量较大的卖点进行低成本的制作，如图8-13所示。

图 8-13　批量制作 POP 海报

8.6　POP海报的设计要点

1. POP 海报的版面设计

POP 海报由于受到场地、预算等的限制，想要脱颖而出，其造型应当简练，版面设计应遵循颜色、图形、文字的阅读顺序。版面设计即构图，版面设计应突出重点，主次得当，如图 8-14 所示。

POP 广告是购物场所所有广告的综合，要求在风格上一致和统一。POP 广告是指在较短时间内能鲜明、快捷地向人们传递商品信息，从而达到盈利的目的。海报中表现的内容，需要通过虚实、比例、色调的处理来达到宣传的效果。一幅制作精美的海报最重要的部分就是版面的设计——把广告内容合理生动地制作在一定规格、尺寸的版面内，合理布局，吸引消费者视线，从而达到更好的销售目的。版面设

图 8-14　POP 海报的版面设计 1

计就是对内容的主次、色彩关系作出妥善布置。构图中要充分运用视觉规律突出重点，让海报具有方向感、秩序感，引导消费者先看什么、后看什么、重点是什么，如图 8-15 所示。

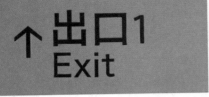

图 8-15　POP 海报的版面设计 2

　　海报中还要注意留白，一般比例为 3 : 7 或者 4 : 6。构图也是一种分割，从而达到理想的布局效果。画面的分割主要靠线或面。一幅优秀的海报作品主要体现在画面分割后各部分相互协调又有变化。通常海报的版面分割包括横向分割、纵向分割、纵横交叉分割、变异性分割等方式，如图 8-16 所示。

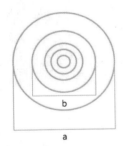
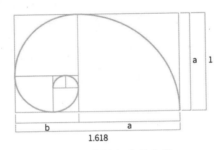
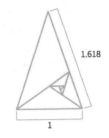

图 8-16　海报版面的分割

　　当人在观看某一个视觉点时，视线很快会集中到这个点上，并保持不动。海报的排版要科学地利用海报构成要素强调与吸引、反差与空白、均衡与变化、运动与节奏的原则设计。海报的内容主要包括标题、正文、插图、边框等。它的制作步骤通常为排版→绘制→着色三个步骤。

2. POP 海报的字体设计

　　一幅 POP 作品中标题字是很重要的视觉传达，标题字必须提纲挈领。通常海报 POP 字体有活体字、正体字、软体字、胖胖字、空心字等，其中活体字是最简单常用的一种字体。POP 字体的架构要把握几个要点：笔画是竖的、横的、斜的，几乎没有圆滑的笔画。打稿过程中可以采用画格子的办法，尽可能将字填满格子，拉长笔画让空白部分越少越好。可以给文字加框、加芯或重叠，但切忌过于复杂，干净整洁的画面更能吸引消费者。例如：海报中为突出主题可以对字体进行一些艺术设计，如加边框、色调对比、变形等；为突出某产品的优惠价格时可以把原价和现价的大小、色彩做强烈对比，从而吸引消费者，如图 8-17 所示。

图 8-17　POP 海报字体设计

3. POP 海报的插画设计

插图是海报中非常重要的部分，具有直观性强、启发联想的特点。随着经济的快速发展，人们没有更多的时间去了解文字，因此插图的准确表达对海报的成功起到了决定性作用。市场上的广告琳琅满目，美观个性的插图瞬时可以吸引消费者的目光。插图可以是绘画作品、摄影、剪贴画。作品形象可以是运用造型艺术绘制的二维形象或三维形象，也可以是主观意愿的抽象表达，但都必须与海报内容相契合。插图的表现风格多种多样，如写实风格、装饰风格、卡通风格等，各式各样的变形、夸张、暗示、影射的方法能更多地吸引消费者的视线，如图 8-18 所示。

图 8-18　POP 海报的插画设计

通过合理的版面设计，充分利用插图的契合和标题、文字的准确表达以达到良好的宣传效果，是制作一幅海报作品的重要因素。而插图的表现多采用以下几种技法：水彩、水粉、丙烯、喷绘、马克笔、黑白、彩色铅笔、剪贴画、摄影、电脑绘图等。对于多数超市而言，手绘是一个既节省成本又快捷的方法。

4. POP 海报的色彩运用

POP 海报的色彩运用作为设计的基础要素之一，颜色可以有效地帮助用户建立对品牌、产品或网页的第一印象，驱动用户情感，直接关系到用户的购买与咨询决策，对转化率有非常大的影响。每个设计师对于颜色的使用都有自己独到的见解，但是考虑到颜色可以驱动人们的情感，在颜色的使用上确实是有一定的趋势与共性存在的。

红色是最具有情感色彩的颜色，可以让人心跳加快并营造紧迫感，因此经常用于商品大促销、清仓等活动的设计中，如图 8-19 所示。

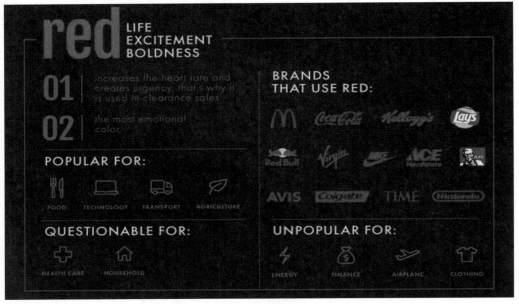

图 8-19　POP 海报中红色的运用

蓝色具有科技感、信任感、有生产效率的、令人感到平静的特点。

蓝色是非常流行的颜色，认知度非常高，即使是色盲群体也可以辨识该颜色。在当今的网页与商标设计中，蓝色的使用率是所有颜色中最高的。银行与商户常使用蓝色来为客户提供安全感。蓝色在男性群体中比较受欢迎，57% 的男性表示喜欢蓝色。然而在女性群体中，蓝色并不是很受欢迎，在调查中只有 35% 的女性表示喜欢蓝色。蓝色经常用于科技类产品的设计中，如图 8-20 所示。

绿色是最贴近自然的颜色，在大自然中人们通常会感到更加放松，因此许多商家与网站采用绿色来让用户放松心情。绿色常用于果蔬食品类海报的设计中，如图 8-21 所示。

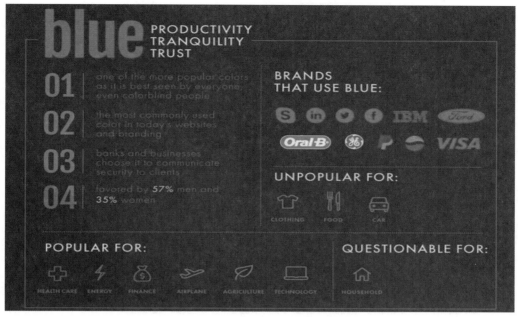

图 8-20　POP 海报中蓝色的运用

图 8-21　POP 海报中绿色的运用

橙色具有追求、热情、信心的特点。橙色因为视觉刺激比较强烈，一般不会用作网页的主色调，然而正是因为橙色的存在感较强、激发的情绪较为正面，因此其最多的使用场景是在网站的 CTA 按钮上，比如立即购买、提交、注册等与用户转化挂钩的按钮，如图 8-22 所示。

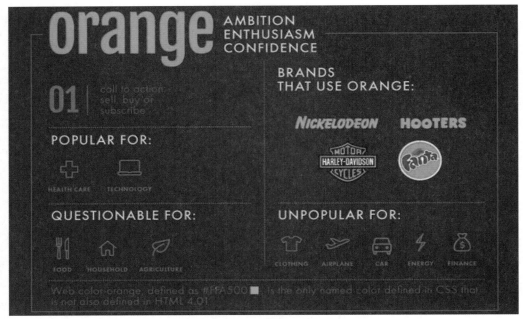

图 8-22　POP 海报中橙色的运用

　　黑色具有权威、力量、高雅的特点。作为神秘感最强的黑色，在奢侈品上的使用尤为广泛，是奢侈品行业中使用最多的颜色，如图 8-23 所示。

图 8-23　POP 海报中黑色的运用

　　白色 / 银白具有完美、清洁、干净的特点。白色是网页中使用最多的颜色，作为衬托色广泛地应用于页面留白与主色调中。在广告设计中，通常将白色与清新凉爽联系起来，比如高端化妆品、珠宝类海报，如图 8-24 所示。

图 8-24　POP 海报中白色 / 银白的运用

　　紫色是所有颜色中最高贵的色彩，其奢华的内涵主要来自紫色通常用于贵族用品而形成的文化。根据调查，紫色在抗衰老产品以及色彩鲜艳的产品或艺术品中最常见，常用于医疗保健类产品，如图 8-25 所示。

图 8-25　POP 海报中紫色的运用

　　黄色具有快乐、智力、能量的特点。餐饮行业大多使用黄色设计商标，黄色被认为可以提供快乐感觉而被企业采用。黄色具有智力与快乐的双重情感色彩，在育儿、培训与教育机构的网站中使用较多。黄色不仅可以提供快乐的感觉，也给我们烙下了警示的感情色彩，可以用于吸引用户注意，如图 8-26 所示。

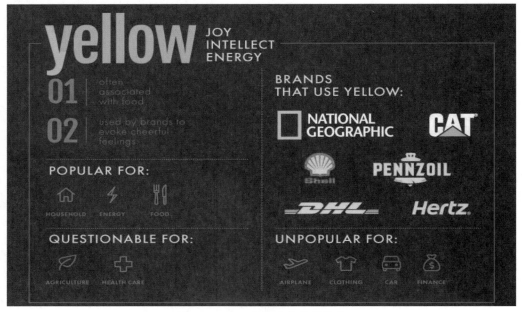

图 8-26 POP 海报中黄色的运用

　　POP 海报对消费者的消费具有导向作用，在视觉上满足了消费者对产品实用、审美、情感、价格等方面的需求。色彩作为广告表现的一个重要因素，与消费者的生理、心理反应有密切关系，色彩影响着消费者的消费情绪，对商品的销售起着至关重要的作用。因此，在制作海报时要把商品的形象色彩作为一项考量标准。研究显示，色彩能刺激人的购买欲，以以下五类产品为例，其影响分别是：药品占 12.2%、食品占 52%、化妆品占 29.3%、服装占 38.6%、机械占 17.2% 等。即使是一辆婴儿车、一杯饮料，色彩的影响也占选中率的 1/5 左右。因此，合理巧妙地使用色彩可以更好地诱导消费。例如：夏天来临，超市会突出销售许多冷饮或冰棍，在绘制海报时可以选择青色、蓝色、绿色等清爽的色调，让消费者产生凉爽的感觉，如图 8-27 所示。

图 8-27 海报中色彩的运用

冰淇淋的宣传海报可以运用橙色等暖色调，让消费者有品尝的欲望。暖色系有前进感，冷色系有后退感。海报中，引人注目的色调一般为纯度较高的色彩，次要的部分为纯度较低的色彩。因为色彩的特殊属性，同一色调能引起正反两方面的效果。例如，超市里常对一些肉类、海鲜类、熟食品做一些促销活动，在海报制作时就应当考虑到食物本身的原色，也应当考虑插画色调要符合商品特性。红色、橘红色的色调能引起食欲，如果换成绿色、蓝色，可能会引起反效果。因此，应当恰当地使用色彩，避免对销售产生不好的影响，如图8-28所示。

图 8-28　特定商品海报中色彩的运用

5. 注重使用场景的气氛

POP设计中应着重考虑店面的环境、商品的特点、针对的目标人群、顾客的心理需求等，从而精准地投放广告，打动消费者。POP广告设计应该简明扼要地指出商品的亮点、推广点，使消费者产生购买欲。还要考虑到销售场地的大小、产品的性质、消费者的特质需求和心理需求，以求有的放矢地表现最能打动消费者的广告内容。

POP海报作品陈列在卖场的氛围中，如果能够得到优质的利用，那就是很好的营销工具，可以让零售企业门店产品开口说话，创意美观大方的POP字体可以增加与消费者的视觉互动，增加销售机会。

商品星罗棋布的陈列，能给顾客营造一种宾客盈门且货源充足的热闹氛围。在冬季，将空间布置为以红色和黄色为主色调的"年末大促、感恩回馈"等口号的气氛效果，以暖色烘托冬季氛围，提升消费者的购买欲，如图8-29所示。

图 8-29　场景气氛的烘托 1

　　POP 海报应从使用场景出发，整体造型和陈列设计都应遵循锦上添花的原则，从而提升场景的氛围。只有合适的 POP 广告，才能有效地引导消费者，对商品的黏性升级为消费。

　　比如某品牌，将自身产品矿泉水与地球熄灯一小时全球性的活动巧妙地结合在一起，既做了公益推广活动，也同时宣扬了自己环保绿色的企业理念和产品的绿色健康，如图 8-30 所示。

图 8-30　场景气氛的烘托 2

8.7　课堂项目练习

（1）打开Adobe Illustrator软件，在菜单栏中选择【文件】-【新建】命令，在弹出的对话框中创建一个高度为297mm，宽度为210mm的画布，并命名文档为001，如图8-31所示。

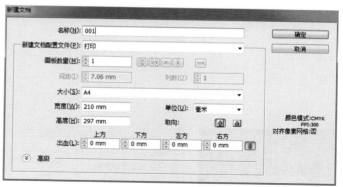

图 8-31　新建项目

（2）选择【矩形工具】 ，双击画布，设置矩形宽度为210mm，高度为297mm，单击【确定】按钮。选择【渐变工具】 ，按住鼠标左键在矩形内填充渐变色。双击画笔 ，在调色板内设置颜色。按住Alt键单击画笔进行平移，复制出新的画笔，并设置颜色。最后使用Ctrl+2组合键，锁定矩形位置，如图8-32和图8-33所示。

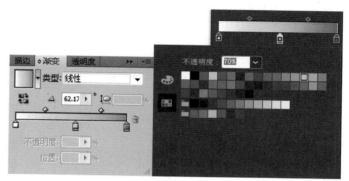

8-32　设置渐变色

图 8-33　填充渐变色后的效果

（3）选择工具栏中的【星形工具】，在矩形框内单击，编辑角点。按住～键，使用鼠标左键拖动（按住 Ctrl 键可以更改角的尖锐程度），沿着顺时针→逆时针→顺时针的方向向中心转动，绘制出海棠花，如图 8-34 ～图 8-37 所示。

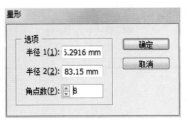

图 8-34　选择【星形工具】　　　　图 8-35　编辑角点　　　　图 8-36　设置描边

图 8-37　绘制出海棠花

（4）选择工具栏中的【椭圆工具】同时按住 Shift 键绘制正圆。使用【渐变工具】设置渐变，单击反向渐变调整中心点的位置，摆放在合适的位置，调整其大小，如图 8-38 所示。

（5）将海棠花全部框选，选择菜单栏中的【对象】-【编组】命令，进行整体编组。同时使用【移动工具】调整其大小和位置。使用【矩形工具】绘制与画布等大的矩形，同时选中花和矩形，按 Ctrl+7 组合键，创建剪切蒙版，将海棠花在画布外的部分裁剪掉。最后按 Ctrl+2 组合键锁定，如图 8-39 所示。

图 8-38　绘制花蕊

图 8-39　创建剪切蒙版

（6）选择工具栏中的【文字工具】，输入字母 W，在【字符】面板中调整其大小，设置字体为【思源黑体】，描边为白色 2pt，关闭填充色，调整字符位置，如图 8-40 所示。

图 8-40　调整字符位置

（7）继续使用【文字工具】输入字符，调整其大小以及字间距，如图 8-41 所示。

图 8-41　创建文字图层

（8）使用工具栏中的【钢笔工具】勾勒出文字"海棠"的路径，如图 8-42 所示。

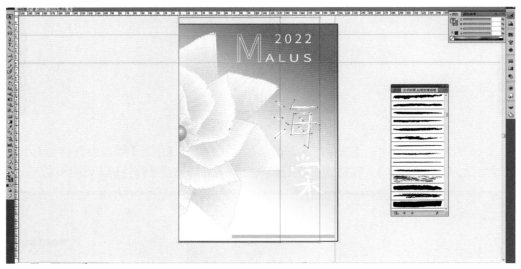

图 8-42　绘制路径

（9）在菜单栏中选择【窗口】-【画笔库】-【艺术效果 _ 书法】-【艺术效果 _ 粉笔炭笔铅笔】命令，将文字路径进行转化。最后使用【矩形工具】绘制图形进行装饰即可，如图 8-43 和图 8-44 所示。

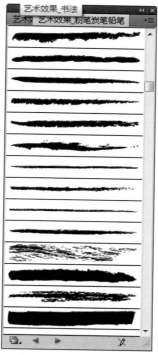

图 8-43　选择艺术画笔

图 8-44　画笔描边效果

小结： 选择合适的艺术笔刷进行笔画粗细的调整，注意字体的工整。左边的笔画加粗，可以通过调整局部，调整笔画颜色，突出主题。颜色上尽量选择画面中出现过的颜色的相近色。

项目任务单　制作海棠节POP宣传海报

（1）启动 Adobe Illustrator 软件后，首先创建一个新的项目文件，同时设置文件的大小、分辨率、颜色等相关属性。

（2）建立选区，选择【渐变工具】，设置渐变的颜色RGB值、渐变颜色数量、不透明度等相关数值。利用鼠标进行渐变方向的调整。

（3）选择工具栏中的【星形工具】进行编辑，利用组合键绘制出海棠花的效果。

（4）锁定海棠花以及背景，使用剪切蒙版命令将海棠花超出画布的部分进行裁剪。

（5）选择工具栏中的【文字工具】，进行文字输入，在【字符】面板中设置字体及字体大小。调整描边参数并填充颜色。

（6）使用工具栏中的【钢笔工具】勾勒出文字的路径。

（7）在菜单栏中选择【窗口】-【画笔库】-【艺术效果_书法】-【艺术效果_粉笔炭笔铅笔】命令，将文字路径进行转化。

单项选择题

1. 电脑技术提高了，对于制作 POP 海报起到了（　　）的优势。
    A. 美观高效
    B. 简洁直接
    C. 美观但低效
    D. 简洁但间接

2. POP 海报标题字体多为（　　）。
    A. 庄重的黑体
    B. 简洁的宋体
    C. 灵活多样的手写体
    D. 规矩的印刷体

3. 如图　　　　　所示红色矩形中图形的作用是（　　）。
    A. 美观装饰
    B. 防止移动偏移
    C. 锁定宽高等比缩放
    D. 以上皆是

参考答案：1. A　　2. B　　3. C

项目导读：

　　包装设计是一门综合运用自然科学和美学知识，为在商品流通过程中更好地保护商品，并促进商品的销售而开设的专业学科。在 Adobe Illustrator 中，可以轻松地绘制包装刀线图及三维立体图形，在进行后期处理时，能够很好地增加特殊效果。

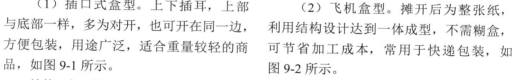

9.1　包装常见盒型

　　（1）插口式盒型。上下插耳，上部与底部一样，多为对开，也可开在同一边，方便包装，用途广泛，适合重量较轻的商品，如图 9-1 所示。

　　结构：有双插（上下插耳）、扣底盒（顶部插耳）。

　　适用范围：适用于较轻的产品包装。

　　材质：白卡纸、牛皮纸等多种材质。

　　（2）飞机盒型。摊开后为整张纸，利用结构设计达到一体成型，不需糊盒，可节省加工成本，常用于快递包装，如图 9-2 所示。

　　结构：因其展开外形酷似飞机而得名。

　　适用范围：快递包装、服装包装。

　　材质：多为瓦楞纸，一般有三层和五层两种。

图 9-1　插口式盒型

图 9-2　飞机盒型

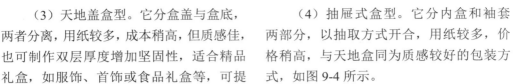

（3）天地盖盒型。它分盒盖与盒底，两者分离，用纸较多，成本稍高，但质感佳，也可制作双层厚度增加坚固性，适合精品礼盒，如服饰、首饰或食品礼盒等，可提升产品形象，如图9-3所示。

结构：由盖盒与底盒组成，上大下小扣合使用。

适用范围：礼盒、手表、首饰。

材质：复合材质。

（4）抽屉式盒型。它分内盒和袖套两部分，以抽取方式开合，用纸较多，价格稍高，与天地盒同为质感较好的包装方式，如图9-4所示。

结构：像抽屉一样开合。

适用范围：礼盒、服装等。

材质：复合材质。

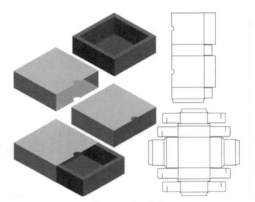

图9-4　抽屉盒

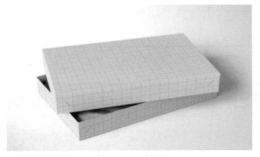

图9-3　天地盖

（5）手提盒型。其底部为插底盒，增加载重能力，上部为提手设计，拆卸便利，加裱瓦楞纸，是礼盒常见的盒型。它最大的特点是方便携带，如图9-5所示。

结构：底部为插底，上部为手提。

适用范围：礼盒、伴手礼、点心盒等。

材质：常用瓦楞纸或白卡纸等。

（6）挂盒，如图9-6所示。

结构：底部为插底，上部为手提。

适用范围：电子产品、科技类产品等。

材质：PE、PVC、卡纸等。

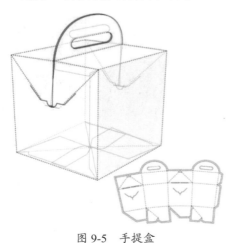

图9-5　手提盒

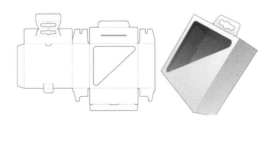

图9-6　挂盒

（7）开窗盒型。开窗盒型是纸盒挖孔开窗，或加贴透明玻璃纸，方便透视商品，让产品直观地展示在人们面前，给消费者留下深刻的印象，如图9-7所示。

结构：纸盒开窗或加透明玻璃纸。

适用范围：电子产品、食品等。

材质：多种材质。

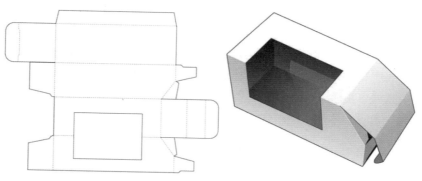

图 9-7　开窗盒

（8）手提分隔盒，如图9-8所示。

结构：复合结构。

适用范围：奶茶、啤酒、饮料等。

材质：瓦楞纸、牛皮纸等。

（9）多边形盒型。多边形盒型同样采用天地盖的形式，但造型是五边形或者六边形等多边结构。这种精品礼盒给人稳重大气的感觉，能给消费者留下深刻印象，如图9-9所示。

结构：多边形天地盖结构。

适用范围：礼品、首饰、巧克力等。

材质：卡纸、牛皮纸、特种纸等。

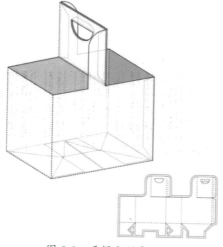

图 9-8　手提分隔盒

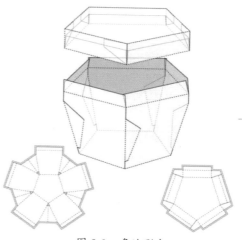

图 9-9　多边形盒

9.2　食品包装设计规范

（1）包装出现产品照片或插画时，必须加上"图片仅供参考"字样。

（2）产品名称和净含量必须在同一展示面上。

（3）净含量的高度规范要牢记：

Q ≤ 50ml；Q ≤ 50g------------------------------------ 高度＞2mm

50ml＜Q ≤ 200ml；50g＜Q ≤ 200g------------------------- 高度＞3mm

200ml＜Q ≤ 1L；200g＜Q ≤ 1kg--------------------------- 高度＞4mm

Q＞1kg；Q＞1L-------------------------------------- 高度＞6mm

（4）一款包装内有多个内容物，标注方式与包装内只有同一类型内容物不同。

同一类型内容物标注：净含量（或净含量/规格）：40g×5。

不同类型内容物标注：净含量（或净含量/规格）：200g（A产品40g×3，B产品50g×4）。

（5）强制规范的文字信息不能低于1.8mm，一般为1.9mm。

（6）营养成分表字符高度不能低于1.8mm，一般为1.9mm。

（7）营养成分表可以用纯中文、纯英文或者中英文组合（千焦的英文必须是"k"小写、"J"大写），如图9-10所示。

（8）如果营养成分表项目不止五项，多出的其他项目的字符要明显细一号，如图9-11所示。

营 养 成 分 表		
项　　目	每100克(g)	营养素参考值%
能　　量	801千焦（kJ）	10%
蛋 白 质	13.7克(g)	23%
脂　　肪	11.9克(g)	20%
碳水化合物	7.5克(g)	2%
钠	663毫克(mg)	33%
钙	300毫克 (mg)	20%

图9-10　营养成分表中千焦的规范书写

营 养 成 分 表		
项　　目	每100克(g)	营养素参考值%
能　　量	801千焦（kJ）	10%
蛋 白 质	13.7克(g)	23%
脂　　肪	11.9克(g)	20%
碳水化合物	7.5克(g)	2%
钠	663毫克(mg)	33%
钙	300毫克 (mg)	20%

图9-11　营养成分表多于五项后的项目规范书写

（9）条形码：长29.83～74.58mm，宽20.74～51.86mm（条件允许的情况下留白5mm）。检查能否扫出，如图9-12所示。

（10）二维码＞22mm，检查能否扫出。

图9-12　条形码

9.3　茶叶包装设计

为了更好地完成本设计案例，现对制作要求及设计内容做如下规划，如表 9-1 所示。

表 9-1　制作要求及设计内容

作品名称	茶叶礼盒包装
作品尺寸	30×18×28cm
设计创意	包装设计是产品市场营销策略中最重要的元素之一。一个好的包装，会更加吸引消费者的目光。本案例将通过【3D 工具】来制作包装效果
主要元素	茶叶礼盒素材
应用软件	Illustrator
素材	茶叶盒刀版图、茶叶盒底图、 茶壶、茶叶盒侧面图

9.3.1　包装刀版图绘制

刀版图是纸盒包装设计中纸盒展开图，也叫模切版，后期以它为做模，上机印刷。刀版图的尺寸为长（L）×宽（W）×高（H），如图 9-13 所示。

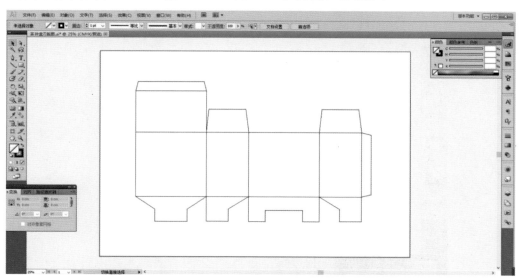

图 9-13　刀版图

（1）使用【矩形工具】 绘制刀版图正面，设置【宽】为30cm，【高】为28cm。矩形不填充颜色，描边颜色填充为 C:0, M:0, Y:0, K:100，如图9-14所示。

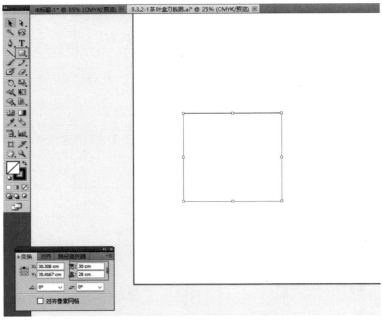

图9-14　包装正面刀版图绘制

（2）使用【矩形工具】 在正面旁边绘制刀版图侧面，设置【宽】为18cm，【高】为28cm。矩形不填充颜色，描边颜色填充为 C: 0, M:0, Y;0, K:100，如图9-15所示。

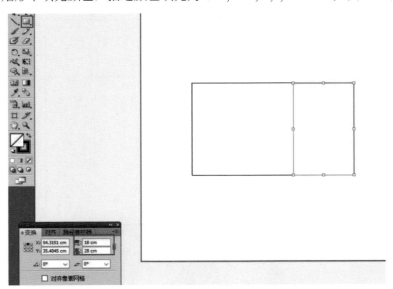

图9-15　包装侧面刀版图绘制

（3）选中两个矩形，右击，在弹出的快捷菜单中选择【编组】命令，或按 Ctrl+G 组合键快速编组，如图 9-16 所示。

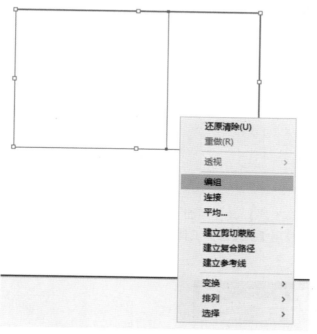

图 9-16　正面侧面编组

（4）选中两个矩形，按住 Alt 键复制一组，移动到合适的位置，如图 9-17 所示。

图 9-17　复制粘贴到合适位置

（5）使用【矩形工具】 在正面上方绘制顶面，设置【宽】为 30cm，【高】为 18cm。矩形不填充颜色，描边颜色填充为 C:0, M:0, Y:0, K:100，如图 9-18 所示。

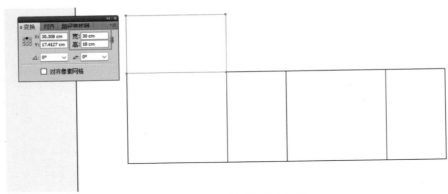

图 9-18　绘制包装顶面矩形

（6）使用【矩形工具】 在顶面上方绘制折盖，设置【宽】为 30cm，【高】为 4cm。上边的两个角使用【直接选择工具】 调整位置，如图 9-19 所示。

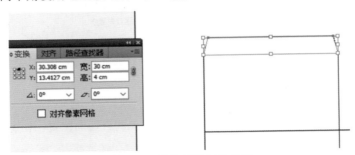

图 9-19　调整矩形两角位置

（7）使用【矩形工具】 在两个侧面上方绘制折盖，设置【宽】为 18cm，【高】为 10cm。上边的两个角使用【直接选择工具】 调整位置，如图 9-20 所示。

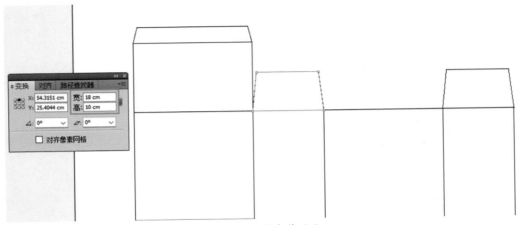

图 9-20　绘制包装舌头

（8）使用【矩形工具】 ▢ 在侧面绘制糊口，设置【宽】为 4cm，【高】为 28cm。右侧的两个角使用【直接选择工具】 ▶ 调整位置，如图 9-21 所示。

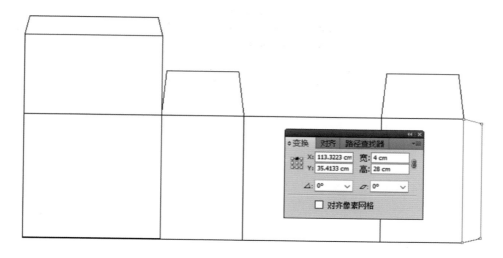

图 9-21　绘制糊口

（9）使用【钢笔工具】绘制下方图形，注意辅助参考线，得到的效果如图 9-22 所示。

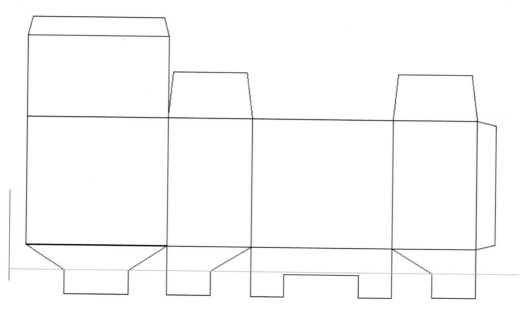

图 9-22　包装其他部分的绘制

（10）设置刀版图的颜色为 C:0, M:0, Y:0, K:100，如图 9-23 所示。

图 9-23　颜色设置

9.3.2　包装盒平面图设计

启动软件，按 Ctrl+O 组合键打开绘制好的刀版图，确定包装的结构和尺寸。

（1）将素材"茶叶盒底图"拖曳到刀版图内，调整位置，如图 9-24 所示。

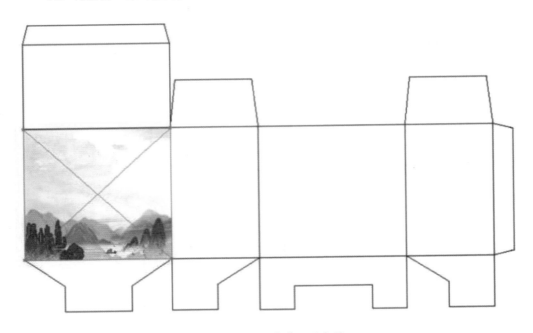

图 9-24　添加包装正面底图

（2）在工具箱中单击【直排文字工具】按钮 T，在工作区中单击鼠标，输入文字。选中输入的文字，在【字符】面板中将【字体】设置为【庞门正道粗书体】，将【字体大小】设置为 160pt，【字符间距】设置为 0，如图 9-25 所示。【文字颜色】设置为 C:100, M:0, Y:80, K:50，也可以根据自己的审美进行配色，如图 9-26 所示。

图 9-25　设置字符格式

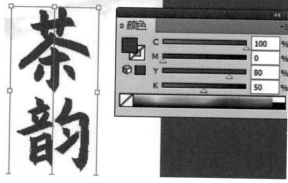

图 9-26　为文字添加颜色

（3）在工具箱中单击【直排文字工具】按钮 **↓T.**，在工作区中单击鼠标，输入文字"安全 健康 美味"。选中输入的文字，在【字符】面板中将【字体】设置为【庞门正道粗书体】，将【字体大小】设置为 30pt，【字符间距】设置为 0，如图 9-27 所示。【文字颜色】设置为 C:23, M:0, Y:100, K:27（假金色），如图 9-28 所示。

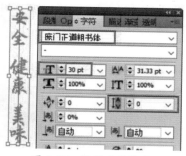

图 9-27　设置字符格式

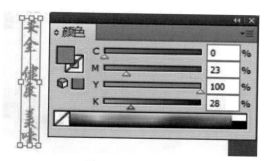

图 9-28　设置文字颜色

（4）在工具箱中单击【钢笔工具】按钮 **.**，在工作区单击鼠标绘制印章图形，图形颜色设置为 C:23, M:0, Y:100, K:27（假金色）。调整大小放置到适当位置，如图 9-29 所示。

图 9-29　绘制印章轮廓

（5）在工具箱中单击【直排文字工具】按钮 ↓T，在工作区中单击鼠标，输入文字。选中输入的文字，在【字符】面板中将【字体】设置为【庞门正道粗书体】，将【字体大小】设置为30pt，【字符间距】设置为0。【文字颜色】设置为C:0, M:0, Y:0, K:0（白色），放置在图章形状的上层，如图9-30所示。

（6）将素材"茶壶图"拖曳到画面内，调整位置，如图9-31所示。

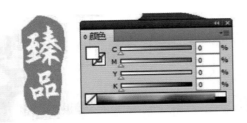

图 9-30　设置字符颜色

图 9-31　添加素材

（7）在工具箱中单击【直排文字工具】按钮 ↓T，在工作区中单击鼠标，输入文字。选中输入的文字，在【字符】面板中将【字体】设置为【思源黑体】，将【字体大小】设置为20pt，【字符间距】设置为0，【行间距】设置为36pt。【文字颜色】设置为C:100, M:0, Y:80, K:50（白色），如图9-32所示。

（8）在工具箱中单击【圆角矩形工具】按钮 □，在工作区中单击鼠标，绘制圆角矩形图形，图形颜色设置为C:23, M:0, Y:100, K:27（假金色），调整大小，放置到适当位置。在工具箱中单击【文字工具】按钮 T，在工作区中单击鼠标，输入"净含量：300g"，放置在圆角矩形形状的上层，如图9-33所示。

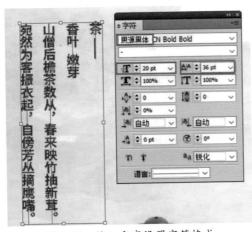

图 9-32　输入文字设置字符格式

图 9-33　净含量的制作

（9）包装正面画面设计完成，效果如图 9-34 所示。

图 9-34　正面效果图

（10）包装盒侧面填充颜色。图形颜色设置为 C:100, M:60, Y:50, K:0，如图 9-35
所示。

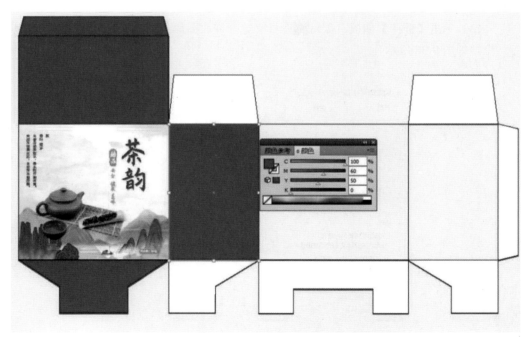

图 9-35　包装盒侧面添加颜色

（11）将素材"茶叶盒侧面图"拖曳到刀版图内，调整位置。在工具箱中单击【直排文字工具】按钮，在工作区中单击鼠标，输入文字。选中输入的文字，在【字符】面板中将【字体】设置为【庞门正道粗书体】，将【字体大小】设置为30pt，【字符间距】设置为0，【行间距】设置为48pt。【文字颜色】设置为C:23, M:0, Y:100, K:27（假金色），如图9-36所示。

（12）切换到【链接】面板，单击第一张图片缩略图，按住 Shift 键后单击最后一张图片缩略图，此时选中的缩略图变成蓝色，如图9-37所示。

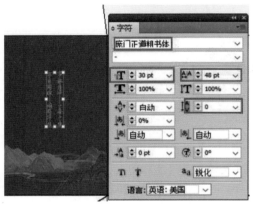

图 9-36　包装侧面添加底图和文字

图 9-37　选中需要链接的图片

（13）单击【链接】面板右上角图标，选择嵌入图片，单击【确定】按钮，弹出对话框，如图9-38所示。

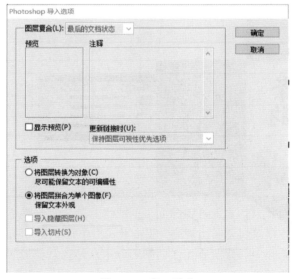

图 9-38　嵌入图片

（14）单击【确定】按钮后出现链接符号，即表示链接成功，如图 9-39 所示。

图 9-39　图片链接成功

（15）包装侧面图设计完成，如图 9-40 所示。

图 9-40　包装侧面图设计完成

（16）将正面和侧面设计图选中后按组合键 Ctrl+C 复制，再按组合键 Ctrl+V 粘贴，放置在适当位置，如图 9-41 所示。

图 9-41　复制图形到相应位置

（17）将刀版图中的其他空白图形填充颜色，图形颜色设置为 C:100, M:60, Y:50, K:0，如图 9-42 所示。

图 9-42　填充刀版图颜色

9.3.3　包装盒3D效果图制作——凸出和斜角

（1）按住鼠标左键全选包装盒平面图正面的所有元素，按组合键 Ctrl+G 将所有元素进行编组。或全选所有元素，单击鼠标右键，在弹出的快捷菜单中选择【编组】命令，如图 9-43 所示。

（2）按住鼠标左键全选包装盒平面图侧面的所有元素，按组合键 Ctrl+G 将所有元素进行编组。或全选所有元素，单击鼠标右键，在弹出的快捷菜单中选择【编组】命令，如图 9-44 所示。

图 9-43　包装正面编组

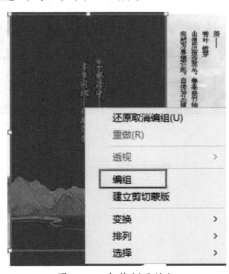

图 9-44　包装侧面编组

（3）选择菜单栏中的【窗口】-【符号】命令，打开【符号】面板，如图 9-45 所示。

（4）将编组好的包装正面、侧面以及盒盖部分依次拖曳到【符号】面板内。在弹出的对话框中【名称】设置要与拖曳的图案相一致，方便后续制作贴图。【类型】设置为【图形】。单击【确定】按钮，如图 9-46 和图 9-47 所示。

图 9-45　【符号】面板

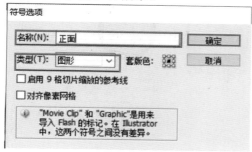

图 9-46　添加符号

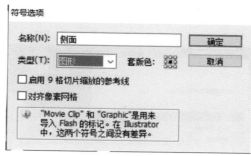

图 9-47　修改符号类型

（5）此时刚刚定义好的图案缩略图已显示在【符号】面板中，如图 9-48 所示。

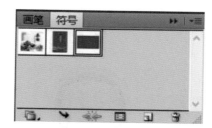

图 9-48　自定义的图案显示在【符号】面板中

（6）使用【矩形工具】绘制一个与包装盒正面相同大小的矩形，设置颜色填充为 C:0, M:0, Y:0, K:30（灰色），如图 9-49 所示。

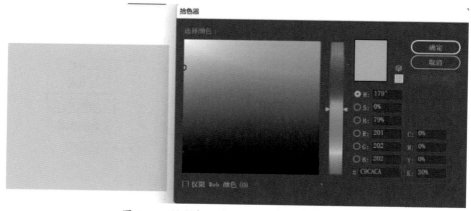

图 9-49　绘制相同大小的矩形并填充颜色

（7）选中矩形，在菜单栏中选择【效果】-3D（3）-【凸出和斜角】命令，如图 9-50 所示。

（8）调整【3D 凸出和斜角选项】对话框中的参数。选中【预览】复选框，设置【位置】为【自定旋转】，设置【透视】为 30°，【凸出厚度】为 480pt（可根据包装的具体厚度进行调整）。设置【端点】为实心，如图 9-51 所示。

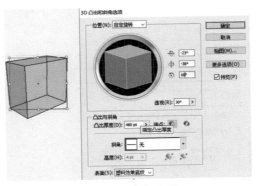

图 9-50　打开 3D 功能

图 9-51　参数设置

（9）单击【更多选项】按钮，在弹出的对话框中调整光源，如图 9-52 和图 9-53 所示。

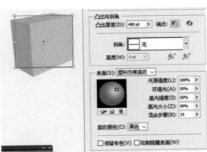

图 9-52　单击【更多选项】按钮

图 9-53　调整光源

（10）单击【贴图】按钮，在弹出的对话框中添加包装盒各面图案，如图 9-54 所示。

图 9-54　单击【贴图】按钮

（11）依次对所有的面添加贴图。每贴一面均要单击【缩放以适合】按钮。可根据个人喜好选择是否选中【贴图具有明暗调】和【三维模型不可见】复选框，如图 9-55 所示。

图 9-55　添加贴图

在进行侧面贴图时，要将左视图图片向右旋转，右视图图片向左旋转，否则贴图会出现方向性错误，如图 9-56 和图 9-57 所示。

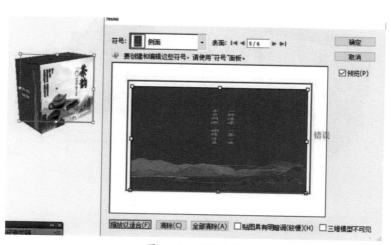

图 9-56　错误示范

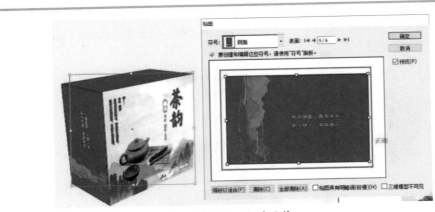

图 9-57　正确示范

提示：旋转方法为：首先单击【缩放以适合】按钮以释放选项，然后将鼠标放在贴图任意一个参考点外侧，按住 Shift 键，单击鼠标左键向右旋转 90°。最后释放鼠标左键，将旋转 90° 后的贴图调整至尺寸框内即可，如图 9-58 和图 9-59 所示。右视图贴图方法同上，旋转方向相反。

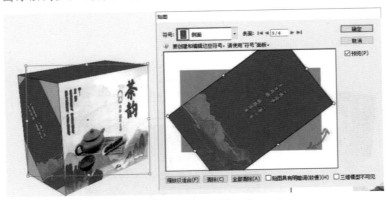

图 9-58　侧面贴图方向

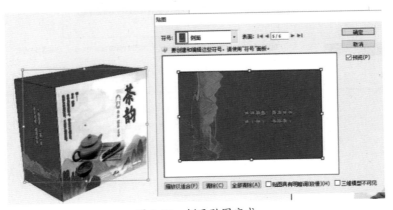

图 9-59　侧面贴图完成

（12）单击【确定】按钮，完成茶叶包装 3D 效果图，效果如图 9-60 所示。

图 9-60   茶叶包装 3D 效果图

9.3.4   课堂项目练习

本例制作护手霜包装设计，为了更好地完成本设计案例，现对制作要求及设计内容作如下规划，如表 9-2 所示。

表 9-2   制作要求及设计内容

作品名称	护手霜包装
作品尺寸	4.55cm×4.55cm×9.2cm
设计创意	包装设计是产品市场营销策略中最重要的元素之一。一个好的包装，会更加吸引消费者的目光。本案例将通过【3D 工具】来制作包装效果
主要元素	护手霜
应用软件	Illustrator
素材	刀版图、侧面、玫瑰花、正面

根据所提供的素材及刀版图，设计包装平面展开图并制作 3D 效果，如图 9-61 和图 9-62 所示。

图 9-61　平面展开图

图 9-62　3D 效果图

（1）根据提供的尺寸使用【矩形工具】绘制出刀版图，如图 9-63 所示。

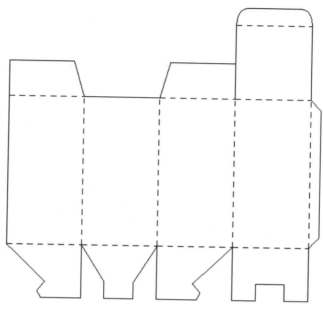

图 9-63　绘制刀版图

（2）拖曳素材"正面""侧面"到刀版图内，如图 9-64 所示。

（3）使用【文字工具】在"正面"输入带路径的文字。使用【椭圆选框工具】绘制正圆，添加渐变效果，其他文字按照效果图依次输入，如图 9-65 所示。

（4）添加"玫瑰花"素材，移动到合适位置，如图 9-66 所示。

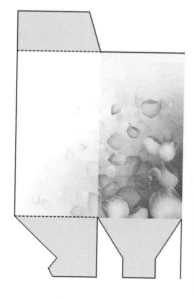

图 9-64　添加底图

图 9-65　输入文字并绘制渐变圆形

图 9-66　置入玫瑰花素材

（5）"侧面"使用同样的方法输入文字，将"玫瑰花"素材移动到合适的位置，如图 9-67 所示。

图 9-67　输入文字

（6）复制做好的正面和侧面，按住 Alt 键拖曳到其他两个面中，稍作调整，将"玫瑰花"素材移动到合适的位置，添加条形码，如图 9-68 所示。

图 9-68　复制图形并添加条形码

提示：所有拖曳进入刀版图的素材都要做图片嵌入，方法为：选择【链接】面板上方■图标中的"嵌入图像"选项。

（7）平面展开图完成，效果如图 9-61 所示。

（8）平面图做好后，在菜单栏中选择【效果】-3D 命令，制作 3D 效果图，如图 9-62 所示。

9.4　玻璃瓶包装设计

本例制作玻璃瓶包装设计，为了更好地完成本设计案例，现对制作要求及设计内容做如下规划，如表 9-3 所示。

表 9-3　包装制作要求及设计内容

作品名称	蜂蜜包装
作品尺寸	7.5cm×24cm
设计创意	本案例将通过【3D 绕转工具】进行圆柱体瓶身建模效果
主要元素	蜂蜜标签
应用软件	Illustrator
素材	玻璃瓶、蜂蜜

9.4.1　包装瓶绘制

（1）启动软件，按 Ctrl+N 组合键新建纸张。按 Ctrl+O 组合键打开蜂蜜标签，将其拖曳到【符号】面板，如图 9-69 所示。

图 9-69　添加符号图案

（2）在菜单栏中选择【文件】-【置入】命令，在弹出的对话框中选择要描摹的"玻璃瓶"素材，单击【置入】按钮，如图 9-70 和图 9-71 所示。

图 9-70　选择【置入】命令　　　　　　图 9-71　选择置入的素材

（3）使用【钢笔工具】 ✎.对瓶身轮廓进行路径描摹，描摹一侧路径即可。设置颜色填充为 C:0, M:0, Y:0, K:30（灰色），如图 9-72 所示。

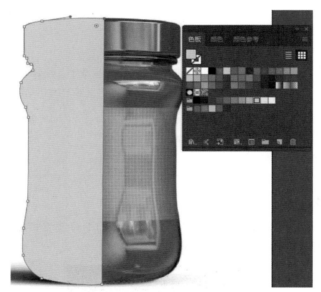

图 9-72　绘制半个瓶身

　　提示： 在描摹轮廓时，找准中心对称轴很重要。锚点从瓶口到瓶底，或从瓶底到瓶口，先描摹中心线，再根据素材轮廓描摹其他路径。否则在后期制作 3D 效果时，模型会出现不完整的情况。

（4）在菜单栏中选择【效果】-3D-【绕转】命令，如图 9-73 所示。在弹出的对话框中选中【预览】复选框，【自】设置为【右边】，如图 9-74 所示。

图 9-73　选择【绕转】命令

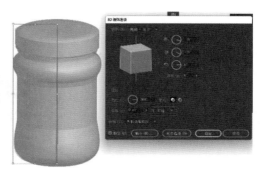

图 9-74　右侧绕转

（5）单击【更多选项】按钮，在弹出的对话框中设置【表面】属性与【光源强度】，并将【底纹颜色】设置为【自定】，如图 9-75 所示。

（6）单击【贴图】按钮，在弹出的对话框中选择需要进行贴图的面。【符号】选择存储过的标签。【表面】选择相应的面。调整标签位置，如图 9-76 所示。

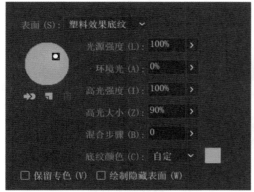

图 9-75　光源底纹自定义

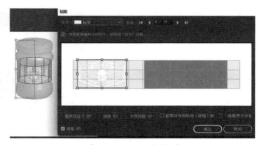

图 9-76　设置贴图

（7）单击【确定】按钮，包装瓶绘制完成，如图 9-77 所示。

（8）瓶身可根据喜好添加不同的材质，方法参考贴图步骤。

图 9-77　效果图

9.4.2　课堂项目练习

根据所提供的素材及瓶形图，制作包装 3D 效果，设计贴图标签，如图 9-78 所示。

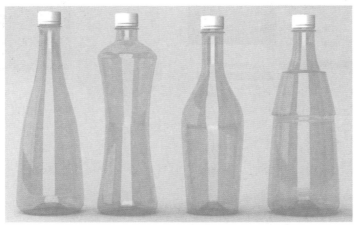

图 9-78　练习素材

项目任务单　礼盒包装设计

1.　茶叶包装设计

1）包装刀版图绘制

刀版图是纸盒包装设计中纸盒展开图，也叫模切版，后期以它为做模，上机印刷。刀版图的尺寸为长（L）× 宽（W）× 高（H）。

（1）使用【矩形工具】▣ 绘制刀版图正面，设置【宽】为 30cm，【高】为 28cm。矩形不填充颜色，描边颜色填为 C:0, M:0, Y:0, K:100。

（2）使用【矩形工具】▣ 在正面旁边绘制刀版图侧面，设置【宽】为 18cm，【高】为 28cm。矩形不填充颜色，描边颜色填为 C:0, M:0, Y:0, K:100。

（3）选中两个矩形，右击，在弹出的快捷菜单中选择【编组】命令，或按 Ctrl+G 组合键快速编组。

（4）选中两个矩形，按 Alt 键复制一组，移动到合适的位置。

（5）使用【矩形工具】▣ 在正面上方绘制顶面，设置【宽】为 30cm，【高】为 18cm。矩形不填充颜色，描边颜色填为 C:0, M:0, Y:0, K:100。

（6）使用【矩形工具】▣ 在顶面上方绘制折盖，设置【宽】为 30cm，【高】为 4cm。上边的两个角利用【直接选择工具】▷ 调整位置。

（7）使用【矩形工具】▣ 在两个侧面上方绘制折盖，设置【宽】为 18cm，【高】为 10cm。上边的两个角使用【直接选择工具】▷ 调整位置。

（8）使用【矩形工具】█，在侧面绘制糊口，设置【宽】为4cm，【高】为28cm。右侧的两个角使用【直接选择工具】█调整位置。

（9）使用【钢笔工具】绘制下方图形，注意辅助参考线。

（10）设置刀版图的颜色为C:0, M:0, Y:0, K:100。

项目记录：

_____

_____

_____

_____

_____

2）包装盒平面图设计

启动软件，按Ctrl+O组合键打开绘制好的刀版图，确定包装的结构和尺寸。

（1）将素材"茶叶盒底图"拖曳到刀版图内，调整位置。

（2）在工具箱中单击【直排文字工具】按钮█，在工作区中单击鼠标，输入文字。选中输入的文字，在【字符】面板中将【字体】设置为【庞门正道粗书体】，将【字体大小】设置为160pt，【字符间距】设置为0。【文字颜色】设置为C:100, M:0, Y:80, K:50。也可根据自己的审美进行配色。

（3）在工具箱中单击【直排文字工具】按钮█，在工作区中单击鼠标，输入文字。选中输入的文字，在【字符】面板中将【字体】设置为【庞门正道粗书体】，将【字体大小】设置为30pt，【字符间距】设置为0。【文字颜色】设置为C:23, M:0, Y:100, K:27。（假金色）

（4）在工具箱中单击【钢笔工具】按钮█，在工作区中单击鼠标，绘制印章图形，图形颜色设置为C:23, M:0, Y:100, K:27（假金色）。调整大小，放置到适当的位置。

（5）在工具箱中单击【直排文字工具】按钮█，在工作区中单击鼠标，输入文字。选中输入的文字，在【字符】面板中将【字体】设置为【庞门正道粗书体】，将【字体大小】设置为30pt，【字符间距】设置为0。【文字颜色】设置为C:0, M:0, Y:0, K:0（白色），放置在图章形状上层。

（6）将素材"茶壶图"拖曳到画面内，调整位置。

（7）在工具箱中单击【直排文字工具】按钮█，在工作区中单击鼠标，输入文字。选中输入的文字，在【字符】面板中将【字体】设置为【思源黑体】，将【字体大小】设置为20pt，【字符间距】设置为0，【行间距】设置为36pt。【文字颜色】设置为C:100, M:0, Y:80, K:50（白色）。

（8）在工具箱中单击【圆角矩形工具】按钮▢，在工作区中单击鼠标，绘制圆角矩形图形，图形颜色设置为C:23, M:0, Y:100, K:27（假金色）。调整大小，放置到适当的位置。在工具箱中单击【文字工具】按钮**T**，在工作区中单击鼠标，输入"净含量：300g"，放置在圆角矩形形状上层。

（9）包装正面画面设计完成。

（10）包装盒侧面填充颜色图形颜色设置为C:100, M:60, Y:50, K:0。

（11）将素材"茶叶盒侧面图"拖曳到刀版图内，调整位置。在工具箱中单击【直排文字工具】按钮**IT**，在工作区中单击鼠标，输入文字。选中输入的文字，在【字符】面板中将【字体】设置为【庞门正道粗书体】，将【字体大小】设置为30pt，【字符间距】设置为0，【行间距】设置为48pt。【文字颜色】设置为C:23, M:0, Y:100, K:27（假金色）。

（12）切换到【链接】面板，单击第一张图片缩略图，按住Shift键后单击最后一张图片缩略图，此时选中的缩略图变成蓝色。

（13）单击【链接】面板右上角▤图标，选择嵌入图片，单击【确定】按钮，弹出对话框。

（14）单击【确定】按钮，出现链接符号即表示链接成功。

（15）包装侧面图设计完成。

（16）将正面和侧面设计图选中后按组合键Ctrl+C复制，按组合键Ctrl+V粘贴，放置在适当的位置。

（17）将刀版图中的其他空白图形填充颜色，图形颜色设置为C:100，M:60，Y:50，K:0。

项目记录：

_____

_____

_____

_____

_____

_____

3) 包装盒3D效果图制作——凸出和斜角

（1）按住鼠标左键全选包装盒平面图正面的所有元素，按组合键Ctrl+G将所有元素进行编组。或全选所有元素，单击鼠标右键，在弹出的快捷菜单中选择【编组】命令。

（2）按住鼠标左键全选包装盒平面图侧面的所有元素，按组合键Ctrl+G将所有元素进行编组。或全选所有元素，单击鼠标右键，在弹出的快捷菜单中选择【编组】命令。

（3）选择菜单栏中的【窗口】-【符号】命令，打开【符号面板】。

（4）将编组好的包装正面、侧面以及盒盖部分依次拖曳到【符号】面板内。在弹出的对话框中【名称】设置要与拖曳的图案一致，方便后续制作贴图。【类型】设置为【图形】。单击【确定】按钮。

（5）此时刚刚定义好的图案缩略图已显示在【符号】面板中。

（6）利用【矩形工具】绘制一个与包装盒正面相同大小的矩形，设置颜色填充为C:0, M:0, Y:0, K:30（灰色）。

（7）选中矩形，在菜单栏中选择【效果】-3D(3)-【凸出和斜角】命令。

（8）调整【3D凸出和斜角选项】对话框中的参数。选中【预览】复选框，设置【位置】为【自定旋转】，【透视】为30°，【凸出厚度】为480pt（可根据包装具体厚度调整）。设置【端点】为实心。

（9）单击【更多选项】按钮，在弹出的对话框中调整光源。

（10）单击【贴图】按钮，在弹出的对话框中添加包装盒各面图案。

（11）依次对所有的面添加贴图。每贴一面均要单击【缩放以适合】按钮。可根据个人喜好选择是否选中【贴图具有明暗调】和【三维模型不可见】复选框。

在进行侧面贴图时，要将左视图图片向右旋转，右视图图片向左旋转，否则贴图会出现方向性错误。

（12）单击【确定】按钮，完成茶叶包装3D效果图。

项目记录：

_____

_____

_____

_____

_____

_____

4）课堂项目练习

根据所提供的素材及刀版图，设计包装平面展开图并做出3D效果。

（1）根据提供的尺寸使用【矩形工具】绘制出刀版图。

（2）拖曳素材"正面""侧面"到刀版图内。

（3）使用【文字工具】在"正面"输入带路径的文字。使用【椭圆选框工具】绘制正圆，添加渐变效果，其他文字按照效果图依次输入。

（4）加入"玫瑰花"素材，移动到合适的位置。

（5）"侧面"使用同样方法输入文字，将"玫瑰花"素材移动到合适的位置。

（6）复制做好的正面和侧面，按住 Alt 键拖曳到其他两个面中，稍作调整，将"玫瑰花"素材移动到合适的位置，添加条形码。

（7）平面图做好后，在菜单栏中选择【效果】-3D 命令，制作如效果图。

项目记录：

_____

_____

_____

_____

_____

_____

2.　玻璃瓶包装设计

1）包装瓶绘制

（1）启动软件，按 Ctrl+N 组合键新建纸张。按 Ctrl+O 组合键打开蜂蜜标签，将其拖曳到【符号】面板中。

（2）在菜单栏中选择【文件】-【置入】命令，在弹出的对话框中选择要描摹的"玻璃瓶"素材，单击【置入】按钮。

（3）利用【钢笔工具】 对瓶身轮廓进行路径描摹，描摹一侧路径即可。设置颜色填充为 C:0, M:0, Y:0, K:30（灰色）。

（4）在菜单栏中选择【效果】-3D-【绕转】命令。在弹出的对话框中选中【预览】复选框，【自】设置为【右边】。

（5）单击【更多选项】按钮，在对话框中设置【表面】属性与【光源强度】，并将【底纹颜色】设置为【自定】。

（6）单击【贴图】按钮，在弹出的对话框中选择需要进行贴图的面。【符号】选择存储过的标签。【表面】选择相应的面。调整标签位置。

（7）单击【确定】按钮，包装瓶绘制完成。

（8）瓶身可根据喜好添加不同的材质，方法参考贴图步骤。

2）课堂项目练习

根据所提供的素材及瓶形图，制作包装 3D 效果，设计贴纸标签。

项目记录:

_____

_____

_____

_____

_____

_____

⚙ 单项选择题

1. 包装上使用的二维码长度不能小于（　　　）。

　A.19cm

　B. 20cm

　C.21cm

　D.22cm

2. 为了印刷方便、不丢失图片素材，包装中使用的素材应当（　　　）。

　A. 嵌入图片

　B. 置入图片

　C. 上浮图片

　D. 固定图片

3. 假金色的色值为（　　　）。

　A. C：23，M：100，Y：100，K：27

　B. C：23，M：0，Y：100，K：27

　C. C：100，M：0，Y：100，K：27

　D. C：23，M：0，Y：100，K：100

4. 矩形包装使用 3D 中的（　　　）功能。

　A. 凸出与斜角

　B. 向左 / 右绕转

　C. 变形

　D. 编组

5.【符号】面板的位置在（　　　）。

    A.【视图】菜单栏下

    B.【文字】菜单栏下

    C.【窗口】菜单栏下

    D.【文件】菜单栏下

参考答案：1.D　　2.A　　3.B　　4.A　　5.C

项目十 🎞 打印与输出

项目导读：

　　从 Illustrator 中能够导出的文件格式很多，常见的有 JPG、PDF、TIFF 等格式。印刷是将文字、图画、照片等原稿经制版、施墨、加压等工序，使油墨转移到纸张、纺织品、塑料品、皮革、PVC、PC 等材料表面上，批量复制原稿内容的技术。印刷是把经审核批准的印刷版，通过印刷机械及专用油墨转印到承印物上的过程。

>>>>>>>

　　本项目以书籍封面的打印与输出为例，介绍书籍封面的输出格式，如表 10-1 所示。

表 10-1　书籍封面输出格式

作品名称	书籍封面
作品尺寸	21cm×29cm
输出格式	JPG、PDF、TIFF
主要元素	书籍封面
应用软件	Illustrator

10.1　输出格式

　　（1）启动软件，按 Ctrl+O 组合键打开"书籍封面"图形，如图 10-1 所示。

图 10-1　打开书籍封面

（2）在菜单栏中选择【文件】-【导出】命令，如图 10-2 所示。弹出对话框，输入文件名"书籍封面"，在【保存类型】下拉列表框中有多种格式可供选择，例如：JPG、TIFF、PNG 等。可根据实际需要进行选择，如图 10-3 和图 10-4 所示。

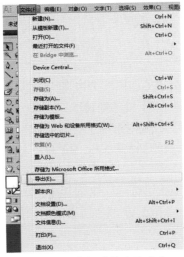

图 10-2　选择【导出】命令　　　　图 10-3　设置文件名　　　　图 10-4　设置保存格式

10.2　文件打印

完成设计作品的最终目的就是打印、印刷或者发布到网络。Illustrator 有强大的打印和输出功能。

在 Illustrator 中，打印设置是通过【打印】对话框设置的。在菜单栏中选择【文件】-【打印】命令，或按组合键 Ctrl+P，弹出【打印】对话框，如图 10-5 和图 10-6 所示。

图 10-5　选择【打印】命令

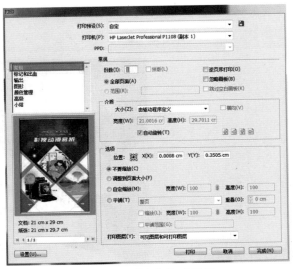

图 10-6　【打印】对话框

该对话框中主要选项的功能如下。

1.【常规】选项卡

【打印预设】：系统默认。

【打印机】：本计算机安装的默认打印机名称。

【份数】：输入要打印的份数。如果文件页数较多，选中【逆页序打印】复选框，将从后向前打印文档。

【大小】：选择打印纸张的尺寸，如图10-7所示。

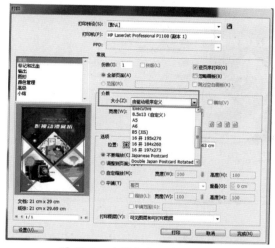

图 10-7　选择打印纸张的尺寸

【宽度/高度】：设置纸张的宽度、高度。

【缩放】：对图像进行自定义大小。

【打印图层】：选择要打印的图层，在下拉列表框中选择【可见图层和可打印图层】、【可见图层】、【所有图层】选项，如图10-8所示。

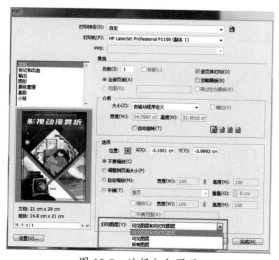

图 10-8　选择打印图层

2.【标记和出血】选项卡

选择左侧列表中的【标记和出血】选项,进入【标记和出血】选项卡,如图10-9所示。

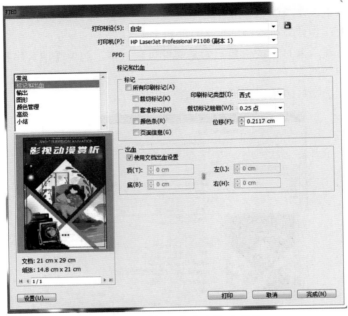

图 10-9 【标记和出血】选项卡

【所有印刷标记】:选中该复选框,将打印所有的印刷标记。

【裁切标记】:选中该复选框,将在被裁切区域添加一些垂直线和水平线。

【套准标记】:用来校准颜色。

【颜色条】:一系列带颜色的小方块,用来描述 CMYK 油墨和灰度的等级。

【页面信息】:包含打印的时间、日期、网线、文件名等。

【印刷标记类型】:该下拉列表框中包括日式和西式两种类型。

【裁切标记粗细】:裁切标记线的宽度,可自行调节。

【位移】:裁切线与工作区之间的距离。为避免制图打印的标记在出血上,它的值应该比出血的值大。

【使用文档出血设置】:若选中该复选框,可使用指定的数值;若取消选中该复选框,则可重新编辑出血值。

3.【输出】选项卡

选择左侧列表中的【输出】选项,进入【输出】选项卡,如图10-10所示。

【模式】:用于设置分色模式。

【药膜】:用于设置胶片或纸上的感光层。

【图像】:通常情况下,输出的胶片为负片,类似照片的底片。

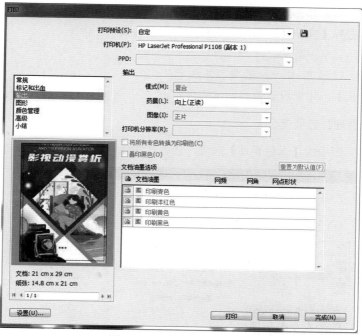

图 10-10　【输出】选项卡

4.【图形】选项卡

选择左侧列表中的【图形】选项，进入【图形】选项卡，如图 10-11 所示。

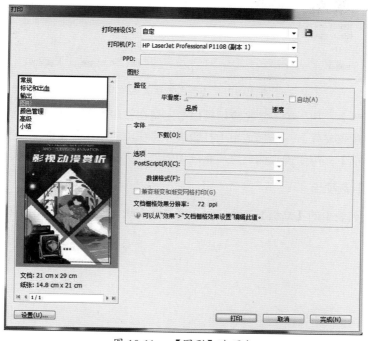

图 10-11　【图形】选项卡

【路径】：当路径曲线转换时，如果选择【品质】选项，会有很多细致的线条的转换效果；如果选择【速度】选项，那么转换的线条的数目会很少。

【下载】：显示下载的字体。

PostScript：选择 PostScript 的兼容性水平。

【数据格式】：用于设置数据输出的格式。

5. 【颜色管理】选项卡

选择左侧列表中的【颜色管理】选项，进入【颜色管理】选项卡，如图 10-12 所示。

图 10-12　【颜色管理】选项卡

【颜色处理】：用于确定是在应用程序中还是在打印设备中使用颜色管理。

【打印机配置文件】：选择适用于打印机和将使用的纸张类型的配置文件。

【渲染方法】：用于确定颜色管理系统如何处理色彩空间的颜色转换。

6. 【高级】选项卡

选择左侧列表中的【高级】选项，进入【高级】选项卡，如图 10-13 所示。

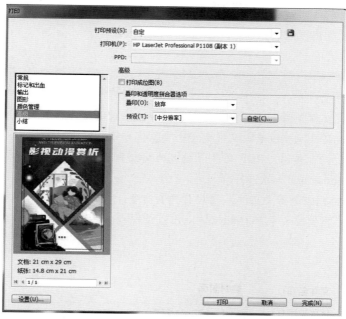

图 10-13　【高级】选项卡

【打印成位图】：选中该复选框后将把文件打印成位图。

【叠印】：用于选择叠印方式。

【预设】：设置打印分辨率，可以选择【高分辨率】、【中分辨率】、【低分辨率】。

7.【小结】选项卡

选择左侧列表中的【小结】选项，进入【小结】选项卡，如图 10-14 所示。

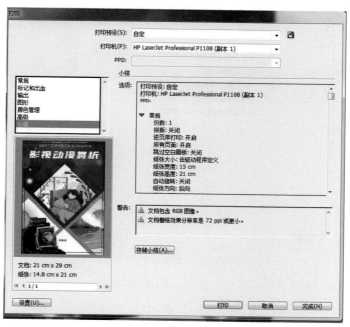

图 10-14　【小结】选项卡

【选项】：前面所做的设置在这个对话框中可以看到，方便及时修改和确定。

【警告】：如出现问题和冲突，在这里可给出预警。

10.3　另存为PDF

PDF 是一种文本图像格式，能保留源文件中的字符、字体、版式、图像、颜色等所有信息。该格式文件尺寸很小，文件浏览不受操作系统、网络环境、程序版本、字体的限制，非常适合网上传输。PDF 文件可通过 Adobe Reader 软件进行编辑共享，还可以用 Photoshop、Illustrator 等软件打开。

（1）在菜单栏中选择【文件】-【另存为】命令，或按组合键 Ctrl+Shift+S, 弹出【另存为】对话框。设置文件名和存储位置，设置【保存类型】为 Adobe PDF，如图 10-15 所示。

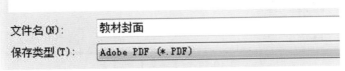

图 10-15　设置保存类型

（2）单击【保存】按钮，弹出对话框，切换到【常规】选项卡，如图 10-16 所示。

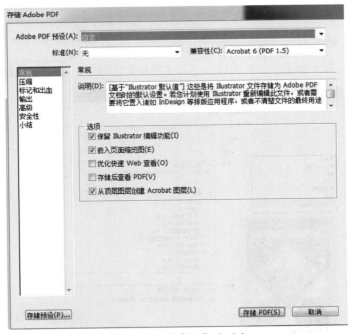

图 10-16　【常规】选项卡

（3）将左侧列表中各选项设置完成后，单击【存储 PDF】按钮。

（4）打开刚保存好的 PDF 文件，即可看到带出血线和分色块的 PDF 文件，如图 10-17 所示。

图 10-17　显示分色块

10.4 印刷术语

10.4.1 印前

（1）【拼版】：拼版又称"装版""组版"，是手工排版中的第二道工序。实际工作中不会总是做 16K、8K 等正规开数的印刷品，特别是包装盒、小卡片（合格证）等常常是不合开的，这时候就需要我们在拼版的时候注意尽可能地把成品放在合适的纸张开度范围内，以节约成本。

（2）【出血】：对一些需要跨出纸边的图文，在制版时需超出裁切线 3mm，预留裁切的偏差，此超出部分称为"出血"。

（3）【叠印】：一种油墨直接叠压在另一种油墨之上。

（4）【漏白】：印刷时因套色不准，漏出纸张的白色缝隙。

（5）【补漏白】：制版时为防止漏白，有意使颜色交接处"扩张爆肥"，减少套印不准的影响。

（6）【开本】：开本是书刊装订成册的大幅面。

（7）【扉页】：衬纸下面印有书名、出版者名、作者名的单张页。有些书刊将衬纸和扉页印在一起装订（即筒子页），称为扉衬页。

（8）【天头】：书刊正文最上面一行字到书页上边沿处的空白。

（9）【地脚】：书刊正文最下面一行字到书页下边沿处的空白。

（10）【订口】：书刊应订联部分的位置。

10.4.2 印刷

（1）【咬口】：Photoshop 版的一边（长边）约 7cm 插入印版滚筒边固定，在版上预留的这个位置称为咬口位置。

（2）【自反版】：印完一面后，版不换，纸张翻过来继续印刷背面。

（3）【飞墨】：油墨稠度不够，印刷机转速快，离心力使墨点飞溅。

（4）【夹炮】：过多的纸张夹在压印滚筒和橡皮滚筒间，触发安全感应使印刷机停止转动。

（5）【打掣】：印刷机因事故而停止转动，原因多为进纸不顺或双张进纸触发安全装置。

（6）【过底】：印刷事故的术语，指墨层太厚来不及干燥，污染了压在上面的纸张背面。

（7）【打稿】：供正式印刷时参考的打样样稿。

（8）【飞达】：指印刷机送纸的传送装置。

10.4.3　印后

（1）【破口】：书芯裁切后书页的切口出现破损。

（2）【粘口】：书帖黏连零散书页时，在书帖上涂胶的部分，通常以最后一折的折缝线为基准线，按一定的宽度在书帖边涂胶。

（3）【折缝线】：印刷书页在折页加工时的折叠线。

（4）【铣背】：用铣刀将书芯后背铣成沟槽状便于胶液渗透的一道工序。

（5）【刀花】：切口出现凸凹不平的刀痕。

（6）【小页】：书帖中小于裁切尺寸的书页。

（7）【白页】：因印刷事故，使书页的一面或两面未印上印迹。

（8）【勒口】：平装书的封面前口边大于书芯前口边宽约 20~30mm，再将封面沿书芯前口切边向里折齐的一种装帧形式。

（9）【压痕】：利用钢线通过压印在纸片上压出痕迹或留下供弯的槽痕。

（10）【环衬】：连接书芯和封皮的衬纸。

（11）【毛本】：三面未切光的书芯。

（12）【光本】：三面切光的书芯。

（13）【扒圆】：圆脊精装书在上书壳前，先把书芯背部处理成圆弧形的工序。

（14）【圆背】：精装的一种，书背制作成一定弧度的圆弧面。

（15）【圆势】：精装书圆背弧面的弧度。

（16）【方背】：精装的一种，书背平直且与封面封底垂直。

（17）【堵头布】：贴在精装书芯背脊天头与地脚两端的特制物。

（18）【整面】：全面书壳的表面材料是一整块。

（19）【接面】：半面书壳的表面材料不是一整块，通常是封面和封底用一种材料，书腰用另一种材料贴拼而成。

（20）【起脊】：精装书在上书壳前，把书芯用夹板加紧压实，在书芯正反两面，接近书脊与环衬连线的连缘处压出一条凸痕，使书脊略向外鼓起的工序。

（21）【飘口】：指精装书刊套合加工后，书封壳大出书芯切口的部分。

（22）【包角】：在书封壳的前口两角上包一层皮革或织品。

（23）【书槽】：又称书沟或沟槽，是指精装书套合后，封面和封底与书脊连接部分压进去的沟槽。

🎞 项目任务单　打印与输出

1.　文件打印

完成设计作品的最终目的就是打印、印刷或者发布到网络。Illustrator 有强大的打印和输出功能。

在 Illustrator 中，打印设置是通过【打印】对话框设置的。在菜单栏中选择【文件】-【打印】命令，或按组合键 Ctrl+P，弹出【打印】对话框。

1）【常规】选项卡

【打印预设】：系统默认。

【打印机】：本计算机安装的默认打印机名称。

【份数】：输入要打印的份数。如果文件页数较多，选中【逆页序打印】复选框，将从后向前打印文档。

【大小】：选择打印纸张的尺寸。

【宽度 / 高度】：设置纸张的宽度和高度。

【缩放】：对图像进行自定义大小。

【打印图层】：选择要打印的图层，在下拉列表框中选择【可见图层和可打印图层】、【可见图层】、【所有图层】选项。

2）【标记和出血】选项卡

选择左侧列表中的【标记和出血】选项，进入【标记和出血】选项卡。

【所有印刷标记】：选中该复选框，将打印所有的印刷标记。

【裁切标记】：选中该复选框，将在被裁切区域添加一些垂直线和水平线。

【套准标记】：用来校准颜色。

【颜色条】：一系列带颜色的小方块，用来描述 CMYK 油墨和灰度的等级。

【页面信息】：包含打印的时间、日期、网线、文件名等。

【印刷标记类型】：该下拉列表框中包括日式和西式两种类型。

【裁切标记粗细】：裁切标记线的宽度，可自行调节。

【位移】：裁切线与工作区之间的距离。为避免制图打印的标记在出血上，它的值应该比出血的值大。

【使用文档出血设置】：若选中该复选框，可使用指定的数值；若取消选中该复选框，则可重新编辑出血值。

3）【输出】选项卡

选择左侧列表中【输出】选项，进入【输出】选项卡。

【模式】：用于设置分色模式。

【药膜】：用于设置胶片或纸上的感光层。

【图像】：通常情况下，输出的胶片为负片，类似照片的底片。

4）【图形】选项卡

选择左侧列表中【图形】选项，进入【图形】选项卡。

【路径】：当路径曲线转换时，如果选择【品质】选项，会有很多细致的线条的转换效果；如果选择【速度】选项，那么转换的线条的数目会很少。

【下载】：显示下载的字体。

PostScript：选择 PostScript 的兼容性水平。

【数据格式】：用于设置数据输出的格式。

5）【颜色管理】选项卡

选择左侧列表中的【颜色管理】选项，进入【颜色管理】选项卡。

【颜色处理】：用于确定是在应用程序中还是在打印设备中使用颜色管理。

【打印机配置文件】：选择适用于打印机和将使用的纸张类型的配置文件。

【渲染方法】：用于确定颜色管理系统如何处理色彩空间中的颜色转换。

6）【高级】选项卡

选择左侧列表中的【高级】选项，进入【高级】选项卡。

【打印成位图】：选中该复选框后将把文件打印成位图。

【叠印】：用于选择叠印方式。

【预设】：设置打印分辨率，可以选择【高分辨率】、【中分辨率】、【低分辨率】。

7）【小结】选项卡

选择左侧列表中的【小结】选项，进入【小结】选项卡。

【选项】：前面所做的设置在这个对话框中可以看到，方便及时修改和确定。

【警告】：如出现问题和冲突，在这里可给出预警。

项目记录：

_____

_____

_____

_____

_____

_____

2.　另存为PDF格式

PDF 是一种文本图像格式，能保留源文件中的字符、字体、版式、图像、颜色等所有信息。该格式文件尺寸很小，文件浏览不受操作系统、网络环境、程序版本、字体的限制，非常适合网上传输。PDF 文件可通过 Adobe Reader 软件进行编辑共享，还可以用 Photoshop、Illustrator 等软件打开。

（1）在菜单栏中选择【文件】-【另存为】命令，或按组合键 Ctrl+Shift+S，弹出【另存为】对话框。设置好文件名和存储位置，【保存类型】设置为 Adobe PDF。

（2）单击【保存】按钮，弹出对话框，切换到【常规】选项卡。

（3）将左侧列表中各选项设置完成后，单击【存储 PDF】按钮。

（4）打开刚保存好的 PDF 文件，即可看到带出血线和分色块的 PDF 文件。

项目记录：

_____

_____

_____

_____

_____

_____

单项选择题

1. 对一些需要跨出纸边的图文，在制版时需超出裁切线（ ），预留裁切的偏差，该超出部分称为"出血"。

A.2mm   B. 3mm   C.4mm   D.5mm

2. 地脚是书刊正文最（ ）面一行字到书页下边沿处的空白。

A. 上   B. 下   C. 左   D. 右

3. 打印设置是通过【打印】对话框设置的。选择【文件】-【打印】命令，或按组合键（ ），弹出【打印】对话框。

A. Ctrl+A   B. Ctrl+G

C. Ctrl+P   D. Ctrl+O

4. 从 Illustrator 中能够导出的文件格式很多，常见的有（ ）、PDF、TIFF 等格式。

A. JPG   B. SWF

C. CAD   D. TXT

5.【勒口】是平装书的封面前口边大于书芯前口边宽约（ ）mm，再将封面沿书芯前口切边向里折齐的一种装帧形式。

A. 20 ～ 30   B. 10 ～ 20

C. 30 ～ 40   D. 40 ～ 50

参考答案：1.B   2.B   3.C   4.A   5.A

参考文献

［1］姜洪侠，张楠楠. Photoshop CC 图形图像处理标准教程 [M]. 北京：人民邮电出版社，2016.

［2］周建国. Photoshop CC 图形图像处理标准教程 [M]. 北京：人民邮电出版社，2016.

［3］孔翠，杨东宇，朱兆曦. 平面设计制作标准教程 Photoshop CC+Illustrator CC[M]. 北京：人民邮电出版社，2016.

［4］沿铭洋，聂清彬. Illustrator CC 平面设计标准教程 [M]. 北京：人民邮电出版社，2016.